国家高技能人才培训基地系列教材

编　委　会

国家高技能人才培训基地系列教材

数控车床及车铣复合车削中心加工

SHUKONG CHECHUANG JI CHEXI FUHE CHEXIAO ZHONGXIN JIAGONG

主　编◎汤伟文
副主编◎林俊耀　叶凤萍
主　审◎谭伟雄　朱少冰　巫晓金　钟富饶

暨南大學出版社
JINAN UNIVERSITY PRESS
中国·广州

图书在版编目（CIP）数据

数控车床及车铣复合车削中心加工/汤伟文主编；林俊耀，叶凤萍副主编．—广州：暨南大学出版社，2017.8（2019.8 重印）
（国家高技能人才培训基地系列教材）
ISBN 978－7－5668－2063－1

Ⅰ.①数…　Ⅱ.①汤…②林…③叶…　Ⅲ.①数控机床—车床—加工工艺—高等职业教育—教材　②数控机床—铣床—加工工艺—高等职业教育—教材　Ⅳ.①TG519.1②TG547

中国版本图书馆 CIP 数据核字(2017)第 024828 号

数控车床及车铣复合车削中心加工
SHUKONG CHECHUANG JI CHEXI FUHE CHEXIAO ZHONGXIN JIAGONG
主编：汤伟文　副主编：林俊耀　叶凤萍

出 版 人： 徐义雄
责任编辑： 刘碧坚
责任校对： 李林达
责任印制： 汤慧君　周一丹

出版发行： 暨南大学出版社（510630）
电　　话： 总编室（8620）85221601
营销部（8620）85225284　85228291　85228292（邮购）
传　　真：（8620）85221583（办公室）　85223774（营销部）
网　　址： http://www.jnupress.com
排　　版： 广州尚文数码科技有限公司
印　　刷： 广州市快美印务有限公司
开　　本： 787mm×1092mm　1/16
印　　张： 11.25
字　　数： 267 千
版　　次： 2017 年 8 月第 1 版
印　　次： 2019 年 8 月第 2 次
定　　价： 30.00 元

总　序

国家高技能人才培训基地项目，是适应国家、省、市产业升级和结构调整的社会经济转型需要，抓住现代制造业、现代服务业升级和繁荣文化艺术的历史机遇，积极开展社会职业培训和技术服务的一项国家级重点培养技能型人才项目。2014 年，广州市轻工技师学院正式启动国家高技能人才培训基地建设项目，此项目以机电一体化、数控技术应用、旅游与酒店管理、美术设计与制作 4 个重点建设专业为载体，构建完善的高技能人才培训体系，形成规模化培训示范效应，提炼培训基地建设工作经验。

教材的编写是高技能人才培训体系建设及开展培训的重点建设内容，本系列教材共 14 本，分别如下：

机电类：《电工电子技术》《可编程序控制系统设计师》《可编程序控制器及应用》《传感器、触摸屏与变频器应用》。

制造类：《加工中心三轴及多轴加工》《数控车床及车铣复合车削中心加工》《SolidWorks 2014 基础实例教程》《注射模具设计与制造》《机床维护与保养》。

商贸类：《初级调酒师》《插花技艺》《客房服务员（中级）》《餐厅服务员（高级）》。

艺术类：《广彩瓷工艺技法》。

本系列教材由广州市轻工技师学院一批专业水平高、社会培训经验丰富、课程研发能力强的骨干教师负责编写，并邀请企业、行业资深培训专家，院校专家进行专业评审。本系列教材的编写秉承学院“独具匠心”的校训精神、“崇匠务实，立心求真”的办学理念，依托校企合作平台，引入企业先进培训理念，组织骨干教师深入企业实地考察、访谈和调研，多次召开研讨会，对行业高技能人才培养模式、培养目标、职业能力和课程设置进行清晰定位，根据工作任务和工作过程设计学习情境，进行教材内容的编写，实现了培训内容与企业工作任务的对接，满足高技能人才培养、培训的需求。

本系列教材编写过程中，得到了企业、行业、院校专家的支持和指导，在此，表示衷心的感谢！教材中如有错漏之处，恳请读者指正，以便有机会修订时能进一步完善。

广州市轻工技师学院

国家高技能人才培训基地系列教材编委会

2016 年 10 月

前　言

《数控车床及车铣复合车削中心加工》是一本针对职业院校和培训机构的数控车工中高级工实训教学、考证辅导以车铣复合加工教学的教材，分为两个模块共五个任务，主要讲述目前国内较流行的 GSK980TDb 数控系统的操作方法和编程指令、数控车床及车铣复合车削中心加工的基本操作，还介绍了数控车中级工、高级工实操课题和理论考试的相关知识。

本书内容丰富，深入浅出，针对性强，对经济型及先进的数控机床都进行了介绍，是一本实用性强、适应面广的教材。

本书既可供职业技术学校数控加工专业以及相关专业的学生使用，也可用于中、高级数控技术人员的培训，或作为从事数控机床工作的工程技术人员的参考书。

本书由汤伟文、林俊耀、叶凤萍、谭伟雄、朱少冰、巫晓金、钟富饶编写，主编汤伟文，副主编林俊耀、叶凤萍。

本教材的编写参考了有关资料及文献，在此向这些作者表示衷心的感谢！

由于编者水平有限，编写的时间仓促，书中难免有疏漏和不足之处，恳请读者批评指正。

编　者

2016 年 11 月

目录

CONTENTS

模块 1

数控车床及相关编程基础

任务 1 数控车床基本操作

学习目标

（1）掌握控制面板的基本操作。

（2）会开机、关机操作。

（3）能用手轮和软键进行手动操作。

（4）会输入和编辑程序。

（5）会建立工件坐标系。

（6）会对刀操作。

学习内容

一、面板操作

（一）面板简介

GSK980TDb 系统采用铝合金立体操作面板，外观如图 1 -1 所示。

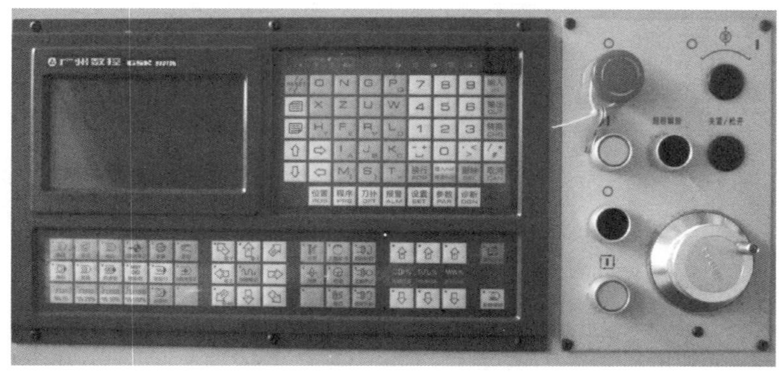

图 1 -1　GSK980TDb 系统外观

该操作面板采用集成式设计，各功能区域划分如图 1 -2 所示。

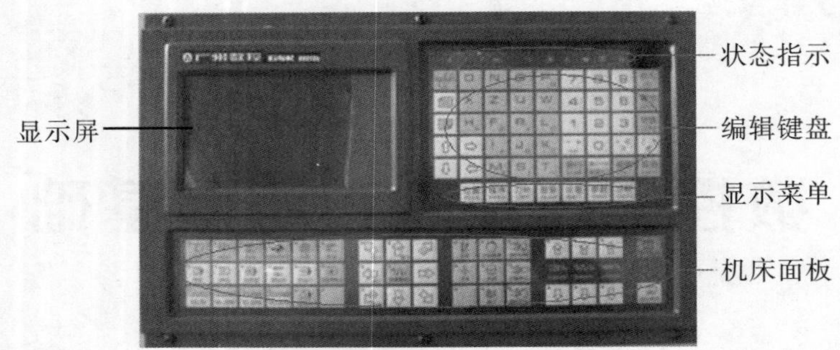

图 1 -2　控制面板及各功能区划分

1．状态指示部分

状态指示部分各种按键的用途如表 1 -1 所示。

表 1 -1　状态指示部分各种按键的用途

按键	功能说明	按键	功能说明
X Y Z	X、Z 轴回零结束指示灯		快速指示灯
	单段运行指示灯		程序段选跳指示灯
	机床锁指示灯	MST	辅助功能锁指示灯
	空运行指示灯		

2．编辑键盘部分

编辑键盘部分各种按键的用途如表 1 -2 所示。

表1-2 编辑键盘部分各种按键的用途

按键	名称	功能说明
RESET	复位键	CNC复位，进给、输出停止等
O N G X Z U W M S T	地址键	地址输入
H Y F E R V L D P Q I A J B K C		双地址输入，反复按键，在两者间切换
_ 空格 / #	符号键	双地址输入，反复按键，在两者间切换
7 8 9 4 5 6 1 2 3 0	数字键	数字输入
.	小数点	小数点输入
输入 IN	输入键	参数、补偿值等数据输入的确定
输出 OUT	输出键	启动通信输出
转换 CHG	转换键	信息、显示的切换
插入/修改 删除 DEL 取消 CAN	编辑键	编辑时程序、字段等的插入、修改、删除（插入/修改为复合键，反复按键，在两功能间切换）
换行 EOB	EOB键	程序段结束符的输入

（续上表）

按键	名称	功能说明
⇧ ⇨ ⇩ ⇦	光标移动键	控制光标移动
	翻页键	同一显示界面下页面的切换

3．显示菜单部分

显示菜单部分各种按键的用途如表1－3所示。

表1－3　显示菜单部分各种按键的用途

菜单键	功能说明
位置 POS	进入位置界面。位置界面有相对坐标、绝对坐标、综合坐标、坐标 & 程序四个页面
程序 PRG	进入程序界面。程序界面有程序内容、程序目录、程序状态三个页面
刀补 OFT	进入刀补界面、宏变量界面（反复按键可在两界面间转换）。刀补界面可显示刀具偏值；宏变量界面显示 CNC 变量
报警 ALM	进入报警界面。报警界面有 CNC 报警、PLC 报警两个页面
设置 SET	进入设置界面、图形界面（反复按键可在两界面间转换）。设置界面有开关设置、数据备份、权限设置；图形界面有图形设置、图形显示两个页面
参数 PAR	进入状态参数、数据参数、螺补参数界面（反复按键可在各界面间转换）
诊断 DGN	进入诊断界面、PLC 状态、PLC 数据、机床软面板、版本信息界面（反复按键可在各界面间转换）。诊断界面、PLC 状态、PLC 数据显示 CNC 内部信号状态、PLC 各地址、数据的状态信息；机床软面板可进行机床软键盘操作；版本信息界面显示 CNC 软件、硬件及 PLC 的版本号

4．机床面板操作

GSK980TDb 机床面板中按键的功能是由 PLC 程序（梯形图）定义的，各按键具体功能意义请参阅机床厂家的说明书。

GSK980TDb 标准 PLC 程序定义的机床面板各按键功能见表1－4。

表1-4 机床面板部分各种按键的用途

按键	名称	功能说明	功能有效时操作方式
暂停	进给保持键	程序、MDI 指令运行暂停	自动方式、录入方式
运行	循环启动键	程序、MDI 指令运行启动	自动方式、录入方式
进给倍率	进给倍率键	进给速度的调整	自动方式、录入方式、编辑方式、机械回零、手轮方式、单步方式、手动方式、程序回零
快速倍率	快速倍率键	快速移动速度的调整	自动方式、录入方式、机械回零、手动方式、程序回零
主轴倍率	主轴倍率键	主轴速度调整（主轴转速模拟量控制方式有效）	自动方式、录入方式、编辑方式、机械回零、手轮方式、单步方式、手动方式、程序回零
换刀	手动换刀键	手动换刀	机械回零、手轮方式、单步方式、手动方式、程序回零
点动	点动开关键	主轴点动状态开/关	机械回零、手轮方式、单步方式、手动方式、程序回零
润滑	润滑开关键	机床润滑开/关	
冷却	冷却液开关键	冷却液开/关	自动方式、录入方式、编辑方式、机械回零、手轮方式、单步方式、手动方式、程序回零
正转 停止 反转	主轴控制键	主轴正转 主轴停止 主轴反转	机械回零、手轮方式、单步方式、手动方式、程序回零

（续上表）

按键	名称	功能说明	功能有效时操作方式
	快速开关	快速速度和进给速度切换	自动方式、录入方式、手动方式
	手动进给键	手动、单步操作 *X*、*Z* 轴正向/负向移动	机械回零、单步方式、手动方式、程序回零
X Y Z	手轮控制轴选择键	手轮操作方式 *X*、*Z* 轴选择	手轮方式
0.001 0.01 0.1	手轮/单步增量选择与快速倍率选择键	手轮每格移动 0.001/0.01/0.1 mm 单步每步移动 0.001/0.01/0.1 mm 快速倍率 F0%、F50%、F100%	自动方式、录入方式、机械回零、手轮方式、单步方式、手动方式、程序回零
单段	单段开关	程序单段运行/连续运行状态切换，单段有效时单段运行指示灯亮	自动方式、录入方式
跳段	程序段选跳开关	程序段首标有“/”号的程序段是否跳过状态切换，程序段选跳开关打开时，跳段指示灯亮	自动方式、录入方式
机床锁	机床锁住开关	机床锁住时机床锁住指示灯亮，*X*、*Z* 轴输出无效	自动方式、录入方式、编辑方式、机械回零、手轮方式、单步方式、手动方式、程序回零
MST 辅助锁	辅助功能锁住开关	辅助功能锁住时辅助功能锁住指示灯亮，M、S、T 功能代码输出无效	自动方式、录入方式
空运行	空运行开关	空运行有效时空运行指示灯亮，加工程序/MDI 指令段空运行	自动方式、录入方式

（续上表）

按键	名称	功能说明	功能有效时操作方式
编辑	编辑方式选择键	进入编辑操作方式	自动方式、录入方式、机械回零、手轮方式、单步方式、手动方式、程序回零
自动	自动方式选择键	进入自动操作方式	录入方式、编辑方式、机械回零、手轮方式、单步方式、手动方式、程序回零
录入	录入方式选择键	进入录入（MDI）操作方式	自动方式、编辑方式、机械回零、手轮方式、单步方式、手动方式、程序回零
机械零点	机械回零方式选择键	进入机械回零操作方式	自动方式、录入方式、编辑方式、手轮方式、单步方式、手动方式、程序回零
手轮	单步/手轮方式选择键	进入单步/手轮操作方式（两种操作方式由参数选择其一）	自动方式、录入方式、编辑方式、机械回零、手动方式、程序回零
手动	手动方式选择键	进入手动操作方式	自动方式、录入方式、编辑方式、机械回零、手轮方式、单步方式、程序回零
程序零点	程序回零方式选择键	进入程序回零操作选择键	自动方式、录入方式、编辑方式、机械回零、手轮方式、单步方式

（二）开机操作

操作步骤如下：

（1）开机前准备。

GSK980TDb 通电开机前，应确认：①机床状态正常。②电源电压符合要求。③接线正确、牢固。

（2）首先打开外部电闸，把总闸和分闸都打开到“ON”状态，如图 1－3 所示。

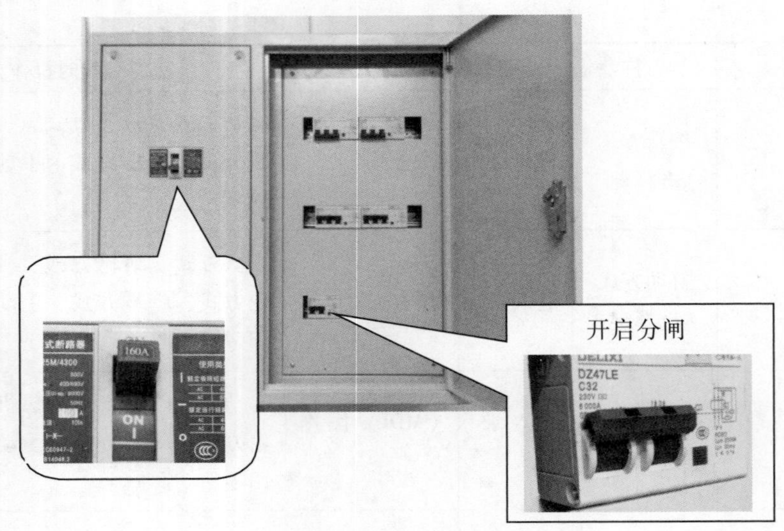

图 1－3　打开外部电闸

（3）打开位于机床左侧的床身电源，使按钮处于“ON”状态，如图 1－4 所示。

图 1－4　开通机床电源

（4）打开 NC 面板电源，即位于机床正面按键面板右上方的白色按钮，如图 1－5 所示。

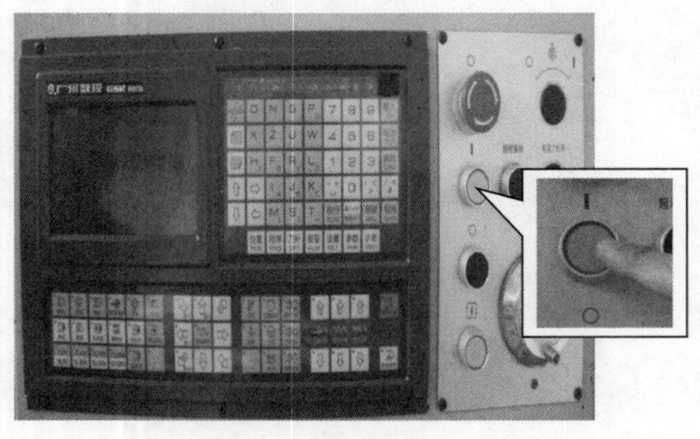

图 1－5　开通面板电源

（5）顺时针转动位于按键面板急停按钮，解除停止，如图1－6所示。

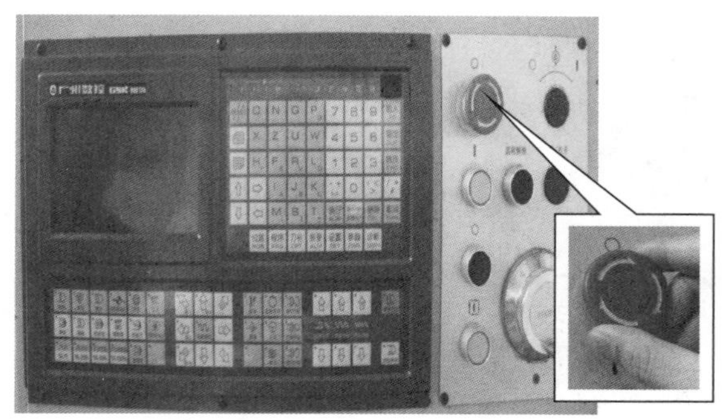

图1－6 急停解除

（三）关机操作

（1）关机前，应确认：

①CNC的X、Z轴处于停止状态。

②辅助功能（如主轴、水泵等）关闭。

（2）关机步骤。

①将刀架移回起始位置，如图1－7所示。

图1－7 关机前刀架位置

②按下位于面板右上角的急停按钮，如图1－8所示。

图1－8 按下急停按钮

③按下面板关闭按钮，如图 1－9 所示。

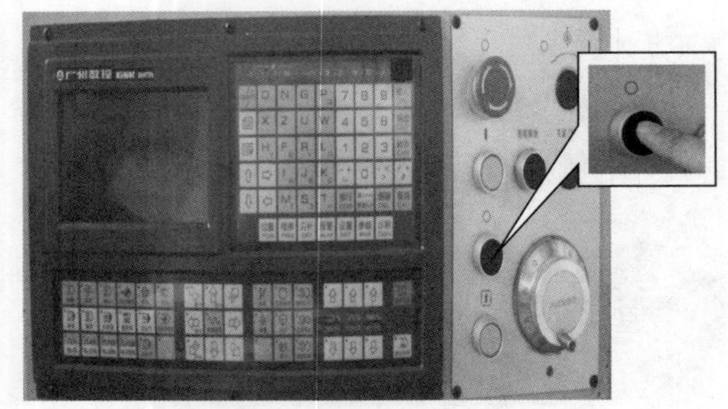

图 1－9　关闭控制面板电源

④关闭位于面板左侧的机床电源，如图 1－10 所示。

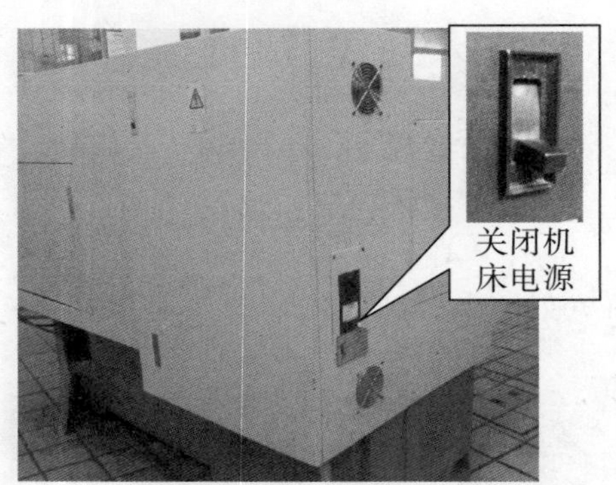

图 1－10　关闭机床电源

⑤关闭机床外部电闸，如图 1－11 所示。

图 1－11　关闭外部电闸

（四）手动操作

在控制面板中选择手动操作方式，该方式主要有以下几方面的功能：

1. 各轴移动

轴的移动有两种，分别是按进给速度移动和按快速进给速度移动。

（1）在手动方式下完成 X、Z 轴的进给运动，如图 1－12 所示。其速度的调节可通过进给倍率键进行调节，如图 1－13 所示。

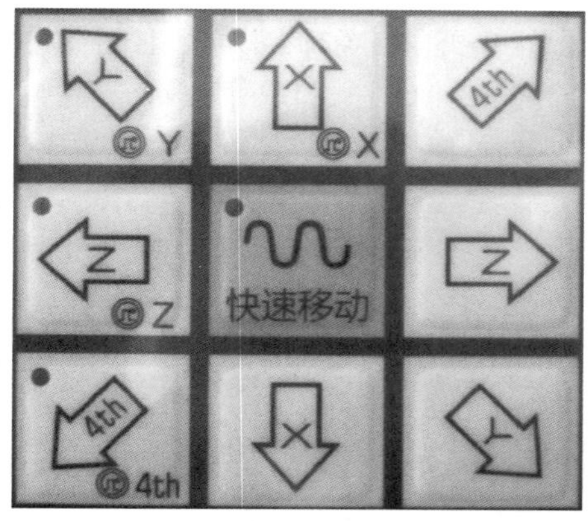

图 1－12　移动轴及方向选择键

图 1－13　进给速度调节键

（2）在手动方式下完成 X、Z 轴的快速进给运动，如图 1－14 所示。其速度的调节可通过快速倍率键进行调节，如图 1－15 所示。

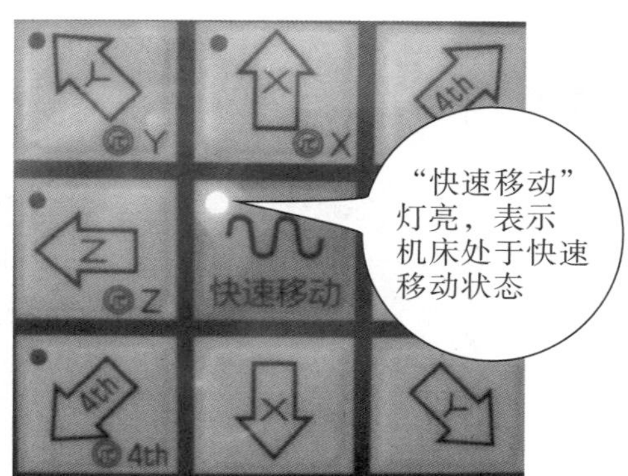

图 1－14　快速移动轴及方向选择键

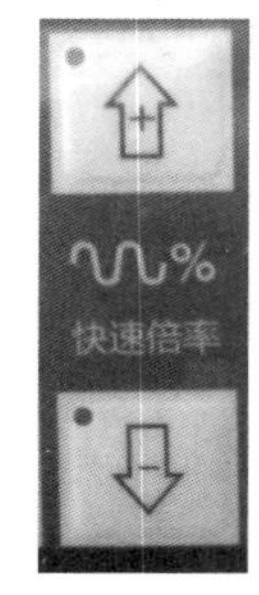

或

图 1－15　快速进给速度调节键

● **注意：**

✧进给速度的倍率由 F 值设定，而快速进给的倍率由系统参数设置。

2. 主轴控制

在手动方式下，通过选择以下三个按钮即可实现主轴的正转、停止及反转，如图 1－16所示。其转速的大小要通过转速倍率键调节，如图 1－17 所示。

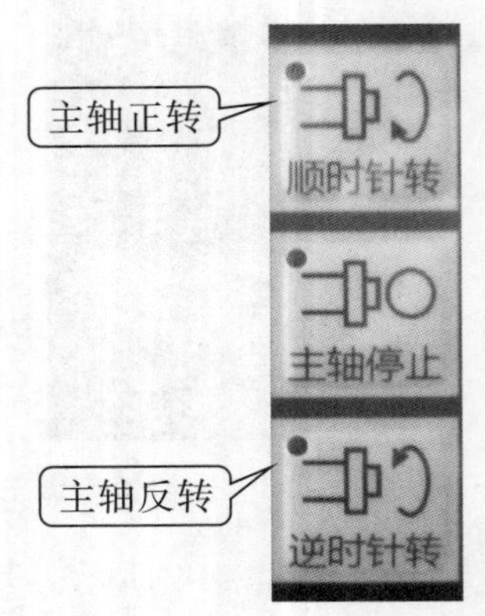

图 1－16　主轴正转、停止及反转按键

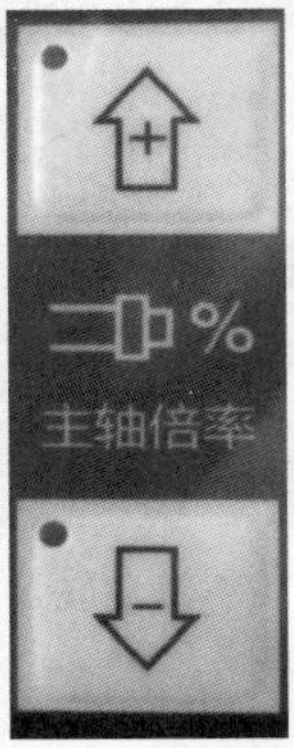

图 1－17　主轴转速倍率调节

3. 冷却液控制

手动操作方式下，按冷却液开关键进行冷却液开/关切换，如图 1－18 所示。

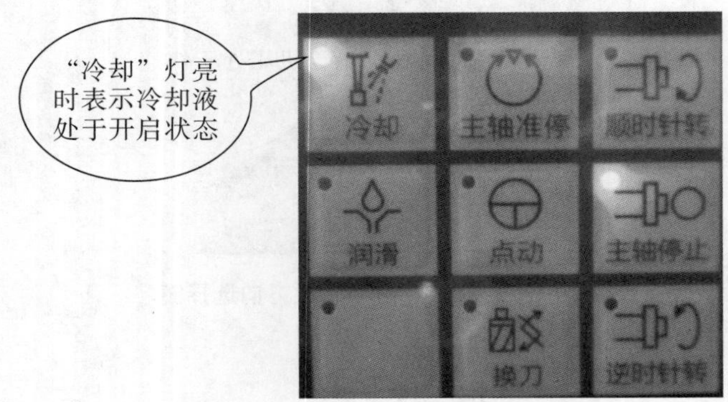

图 1－18　冷却液控制

4. 手动换刀

手动操作方式下，按“换刀”键，刀架按顺序依次换刀（若当前为第 1 把刀具，按此键后，刀具换至第 2 把；若当前为第 4 把刀具，按此键后，刀具换至第 1 把）。

5. 手轮操作

手轮的全称是手动脉冲发生器，又称光电编码器，如图 1－19 所示。手轮可用于数控机床的零位补正和信号分割。当手轮旋转时，编码器产生与手轮运动相对应的信号。通过手轮操作可对选定坐标轴进行精确定位。

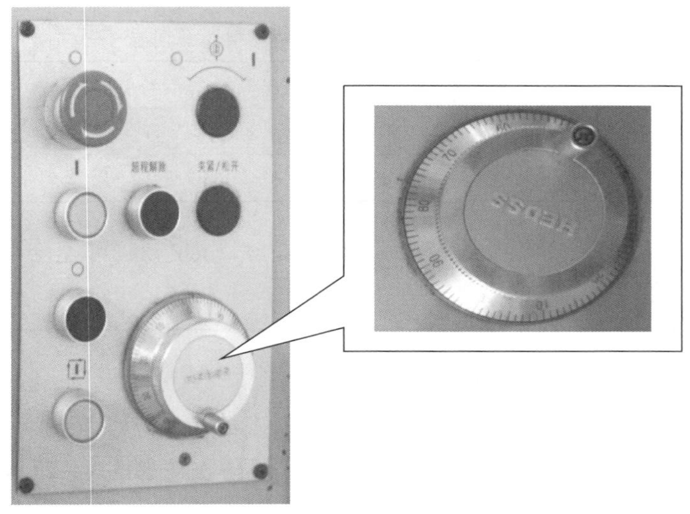

图1－19　手轮

手轮的使用步骤：

（1）按下面板上的手轮模式按钮，“手脉”按钮指示灯亮，进入手轮操作模式，如图1－20。

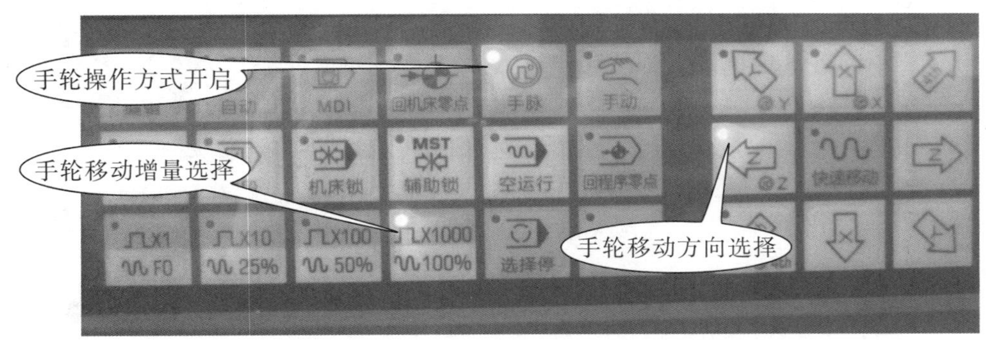

图1－20　手轮操作模式

（2）移动轴及方向的选择。在手轮操作方式下，按 X 或 Z 键选择相应的轴。手轮进给方向由手轮旋转方向决定。一般情况下，手轮顺时针为正向进给，逆时针为负向进给。

（3）增量的选择。按 X1 F0、X10 25%、X100 50% 或 X1000 100% 键，选择移动增量，移动增量会显示在面板上。

● **注意：**

✧手轮刻度与机床移动量关系见表 1 –5。

表 1 –5　手轮控制参数

	手轮上每一刻度的移动量			
手轮增量	×1	×10	×100	×1000
坐标指定值	0. 001 mm	0. 01 mm	0. 1 mm	1 mm

✧手轮旋转的速度不得高于 5 转/秒，如果超过 5 转/秒，可能会导致刻度值和移动量不符。

6. 手工数据输入（MDI）方式的应用

（1）主轴的启停。

开机后，首次开启主轴时须以 MDI 方式进行，具体操作如图 1 –21 所示。

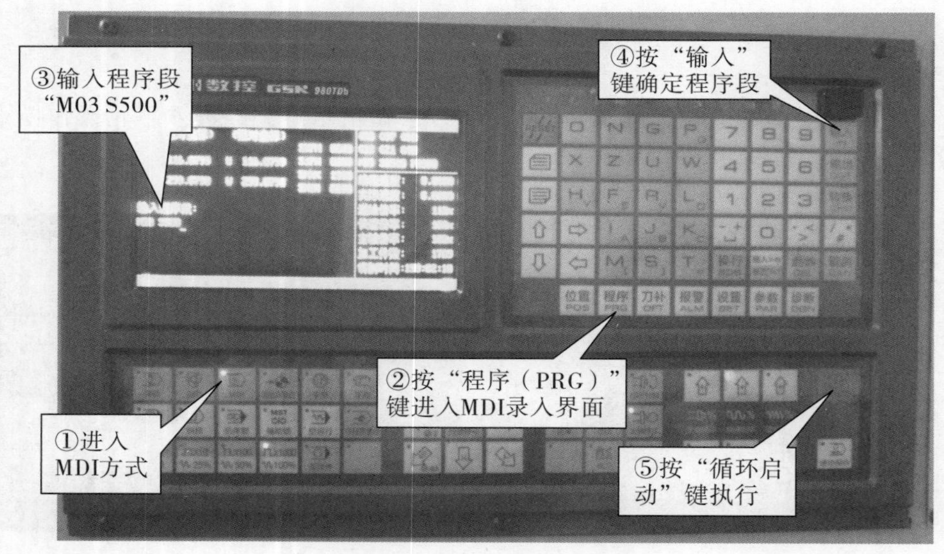

图 1 –21　MDI 方式启动主轴

通过主轴转速倍率开关可调节主轴转速的快慢，如图 1 –22 所示。

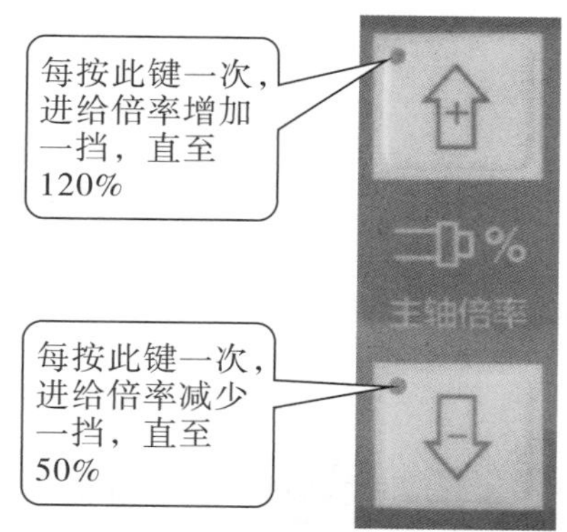

图1－22　主轴转速倍率调节

主轴停止操作，可以选择以下两种方式：一种是在MDI方式下执行M05指令停止主轴转动，具体操作与图1－21相同，只需在第3步中输入程序段“M05”即可；另一种是按数控面板上的“复位”键或“主轴停止”键。

● **注意：**

✧开机后首次运行主轴需要通过MDI方式进行，而之后开启主轴时，便可直接通过手动方式按“顺时针转”键或“逆时针转”键实现主轴的正、反转，其转速不变。

（2）换刀操作

①请将刀架移到安全位置，如图1－23所示。

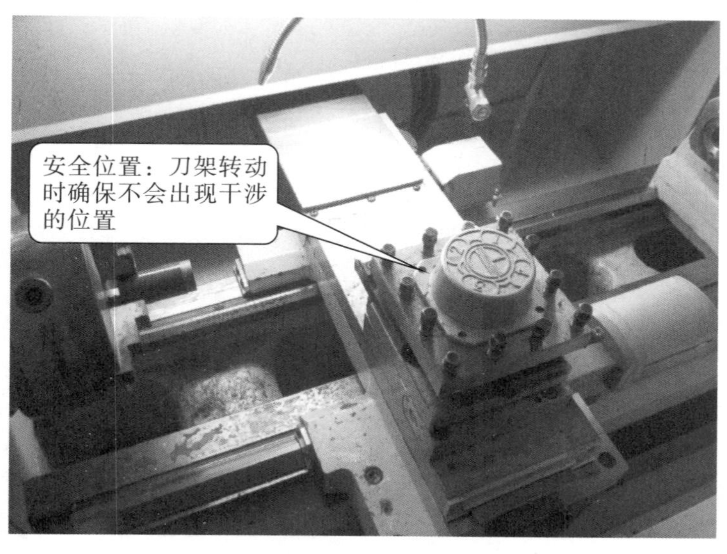

图1－23　安全位置

②进入 MDI 方式。

③输入换刀指令，如设置 02 号刀为当前刀具，可输入“T0200”，按下  运行 键执行，刀架自动调出 02 号刀位。

● **注意：**

✧当前的刀具号可在显示面板上观察，如图 1－24 所示位置。

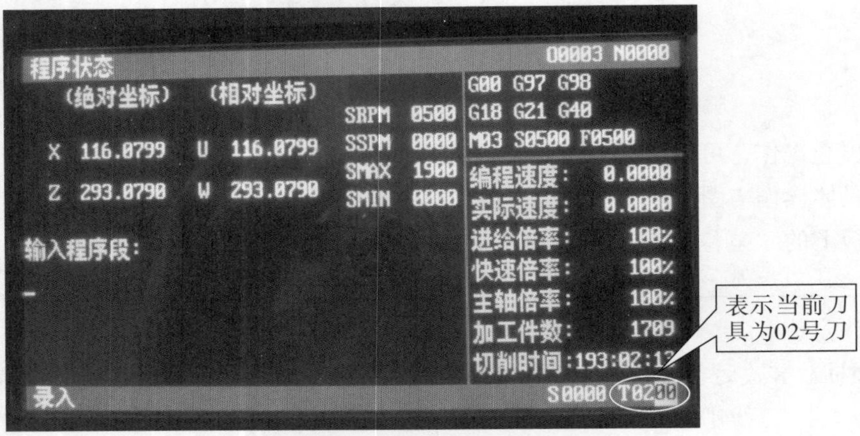

图 1－24　刀具号显示位置

✧换刀指令“T_ _ _ _”前两位数表示选择的刀位号，后两位数表示选择的刀具偏置号。

（五）程序编辑（EDIT）方式的应用

在编辑操作方式下，可创建、选择、修改、复制、删除程序。按“编辑”键可直接进入编辑方式，如图 1－25 所示。

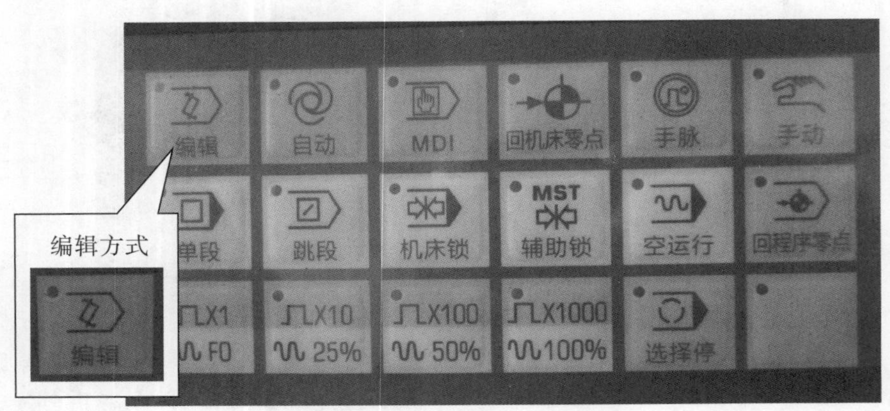

图 1－25　进入 EDIT 方式

1. 在存储器中创建程序

在编辑方式下，可通过手工的方法创建程序，即“手工编程”。具体操作步骤如下：

（1）在控制面板中按“程序（PRG）”键进入程序界面，如图1－26所示。输入需要创建的程序名，如O1111（O为英文字母；1111为四个数字，可从0～9个数字中随机赋予），并按下“换行（EOB）”键进行创建，如图1－27所示。

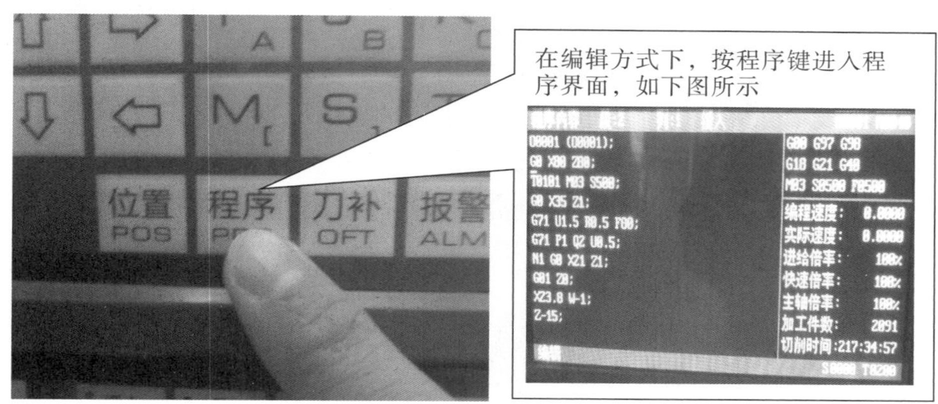

图1－26 程序界面

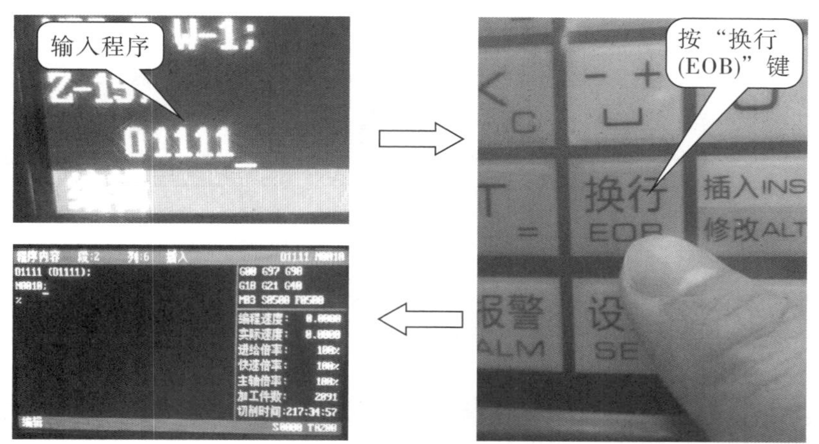

图1－27 创建程序

（2）按照编制好的零件程序逐个输入，每输入一个字符，在屏幕上立即给予显示输入的字符（复合键的处理是反复按此复合键，实现交替输入），如图1－28所示。一个程序段输入完毕，按“换行（EOB）”键结束。

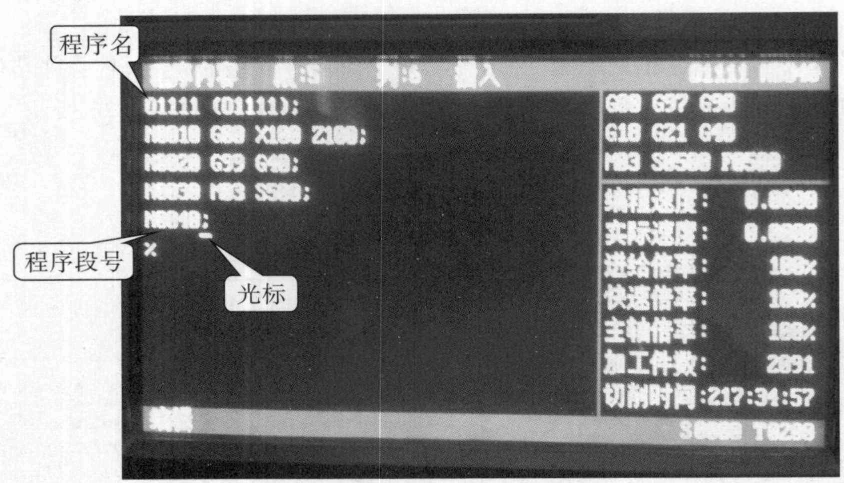

图 1－28　程序段的输入

（3）按步骤 2 的方法可完成程序其他程序段的输入，直到输入完成（过程中系统会自动保存你所输入的程序，不需再按其他键来保存）。

● **注意：**

✧创建程序时应注意避免在存储器中出现程序名重复的情况，否则会导致创建失败。

✧在程序段输入过程中，如果要删除字符，可通过“取消（CAN）”键和“删除（DEL）”键删除，前者是删除光标处的前一字符；后者是删除光标所在处的字符。

✧在编辑操作方式、程序显示界面中，按复位键，光标可快速回到程序开头。

2．删除存储器中的程序

选择编辑操作方式，进入程序界面中输入需要删除程序的程序名，如 O1111，按“删除（DEL）”键进行单个程序的删除操作，如图 1－29 所示。

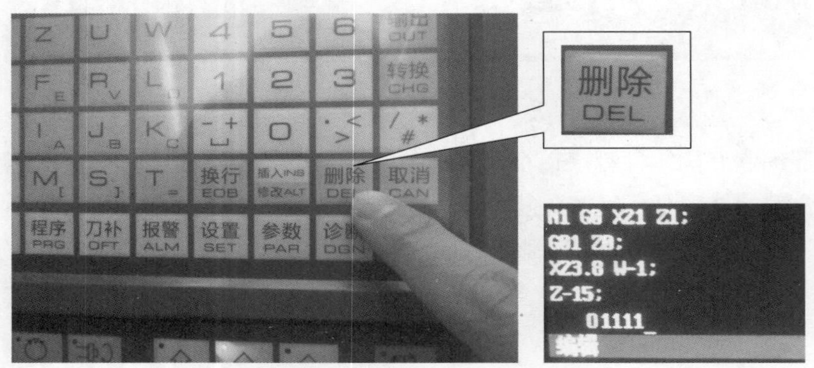

图 1－29　程序的删除

> ● **注意：**
>
> ✧同样的操作，输入“O－999”，按“删除（DEL）”键，可将储存于系统里的全部程序删除。

3. 编辑或调用存储器中的程序

（1）检索法。

在程序界面下输入需要编辑程序的程序名，如O1111，按下方向键即可打开该程序，然后可根据需要对该程序进行编辑，如图1－30所示。

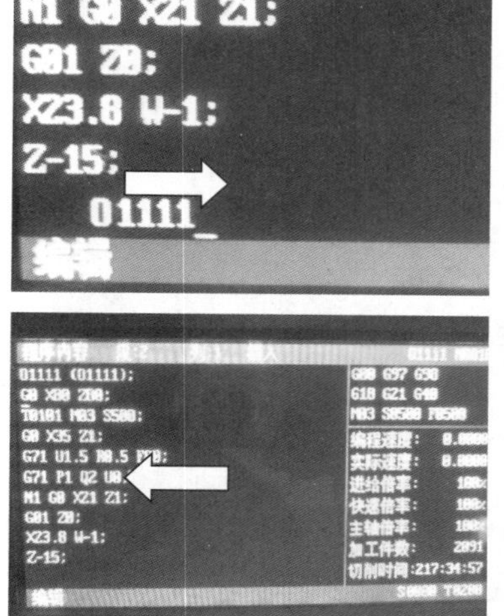

图1－30　编辑程序

> ● **注意：**
>
> ✧使用检索法选择存储器中的程序时，需确定该程序存在，若程序不存在，CNC会出现报警。

（2）扫描法。

通过输入地址键“O”和上、下方向键，可显示下一个或上一个程序，如图1－31所示。

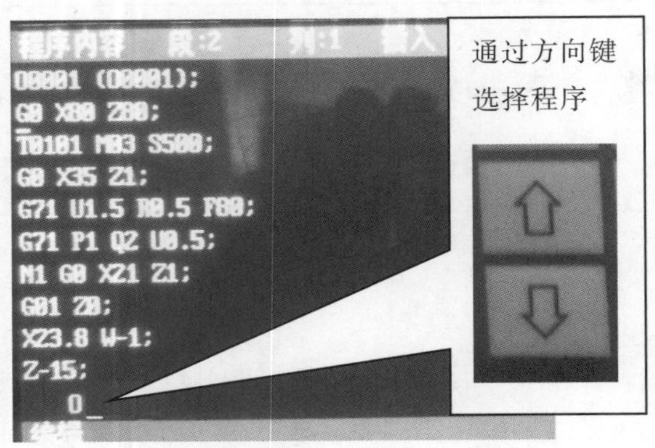

图 1-31　扫描法

（3）光标确认法。

进入程序目录显示界面，通过按方向键将光标移动到要选择的程序名上，按“换行（EOB）”键调出该程序，如图 1-32 所示。

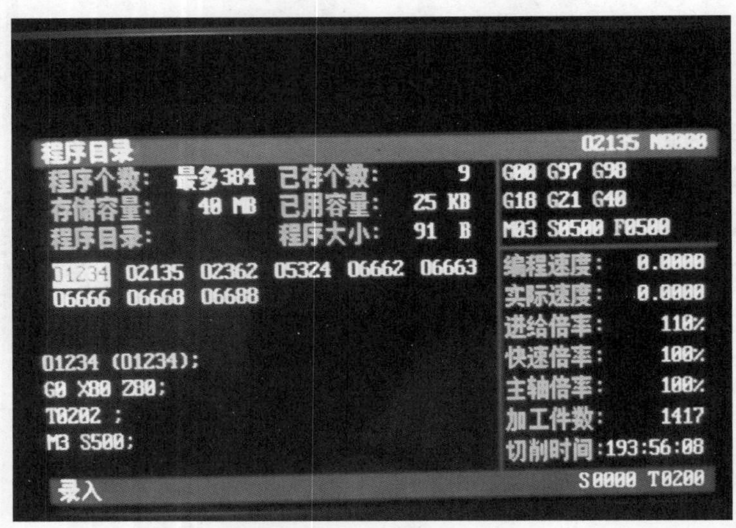

图 1-32　光标确认法

4. 程序的改名

（1）选择编辑操作方式，进入程序内容显示页面。

（2）按地址键“O”，键入新程序名。

（3）按 插入/修改 键。

5. 程序的复制

将当前程序另存：

（1）选择编辑操作方式，进入程序内容显示页面。

（2）按地址键“O”，键入新程序号。

（3）按 转换 CHG 键。

（六）工件坐标系

1. 工件坐标系及工件原点

编制数控加工程序首先要建立一个工件坐标系，如图1－33所示。程序中的坐标值均以此为依据。工件坐标系是编程人员在编程时设定的坐标系，也称为编程坐标系。工件坐标系建立后便一直有效，直到被新的工件坐标系取代。

（1）工件坐标系的设定。

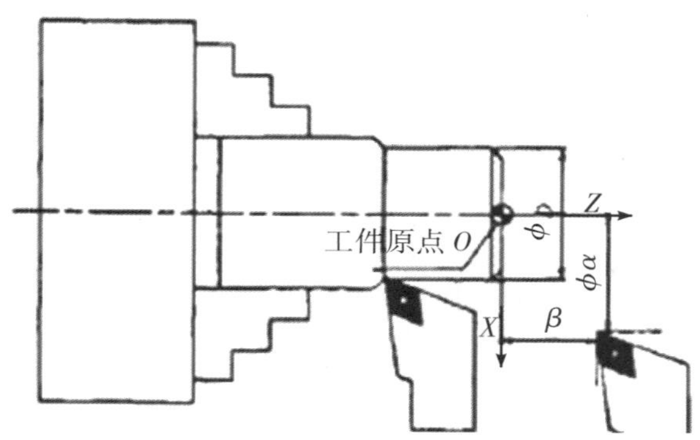

图1－33　工件坐标系

工件坐标系可以用下列指令设定：

G50 X（α）Z（β）

式中 α、β——刀尖距工件坐标系原点的距离。

用G50 X（α）Z（β）指令所建立的坐标系，是一个以工件原点为坐标系原点，确定刀具（一般指刀尖）当前位置的一个工件坐标系。工件坐标系一旦建立便一直有效，直到被新的所取代。为提高加工效率和保证加工精度，工件坐标系原点可以根据需要选在工件上任何一点。该指令在执行时不产生运动，这是许多初学者较难掌握的地方。

（2）操作步骤。

对刀是数控车削加工中极其重要并十分棘手的一项基础工作。试切对刀法因其较高的准确性和可靠性而得到广泛应用。试切对刀过程中，巧妙建立工件坐标系能收到事半功倍的效果。现运用G50试切对刀的方法综述如下：

①选取1号刀为基准刀，装夹好工件进入手动方式开动机床，用所选刀具在加工余量范围内试切工件外圆，再用量具测出当前所试切工件外圆的直径“α”。

②进入MDI方式（录入方式），输入G50和以上试切的直径“α”。写为：G50 X“α”（设置好 X 方向的工件坐标）。

③进入手动方式试切端面，进入 MDI 方式，输入 G50 Z0（设置好 Z 方向的工件坐标）。

二、加工实例

毛坯：ϕ35 mm × 300 mm

加工时伸出长 90 mm

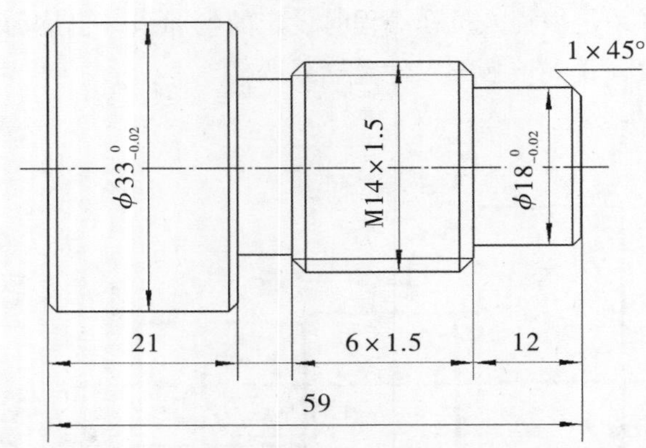

图 1－34　工件零件图

编程参考：

N10　G00　X100　Z100；（安全位置）

N20　T0101；（外圆偏刀）

N30　M03　S500；（主轴启动）

N40　G00　X35　Z1；

N50　G71　U1　R0.5　F80；（外圆粗加工）

N60　G71　P70　Q160　U0.5；

N70　G00　X16　Z1；

N80　G01　Z0；

N90　X18　W－1；

N100　Z－12；

N110　X21；

N120　X23.8　W－1.5；

N130　X－38；

N140　X31；

N150　X33　W－1；

N160　Z－64；

N170　G70　P70　Q160　F60；（外圆精加工）

```
N180 G00 X100 Z100；
N190 T0202；（切槽刀）
N200 G00 X25 Z－35；
N210 G94 X21 Z－35 F20；（加工退刀槽）
N220 W－3；
N230 G01 X23.8 W1.5 F20；
N240 X21 W－1.5；
N250 G00 100；
N260 Z100；
N270 T0303；（外螺纹刀）
N280 G00 X25 Z－6；
N290 G76 P010160 Q300 R0.03；（加工螺纹）
N300 G76 X22.8 Z－33 P9000 Q2500 F1.5；
N310 G00 X100 Z100；
N320 T0202；（切槽刀）
N330 G00 X34 Z－62；
N340 G94 X31 Z－62 F20；（切断工件）
N350 G01 X33 W1；
N360 X31 W－1；
N370 X0；
N380 G00 X100；（回安全位置）
N390 Z100；
N400 T0100；（换回基准刀，清刀偏）
N410 M05；（主轴停）
N420 M30。（程序结束）
```

三、数控车床安全操作规程

（1）进入实习场地，应按要求穿着工作服；如留长发则需戴防护帽；严禁穿拖鞋或短裤进入实习场地。如图1－35所示为着装要求的标识牌。

图 1 - 35 着装要求

（2）工作时禁止戴戒指或其他首饰品，禁止戴手套，如图 1 - 36 所示。

图 1 - 36 禁止戴手套

（3）工作时头不应靠工件太近，高速切削时必须戴防护眼镜，如图 1 - 37 所示。

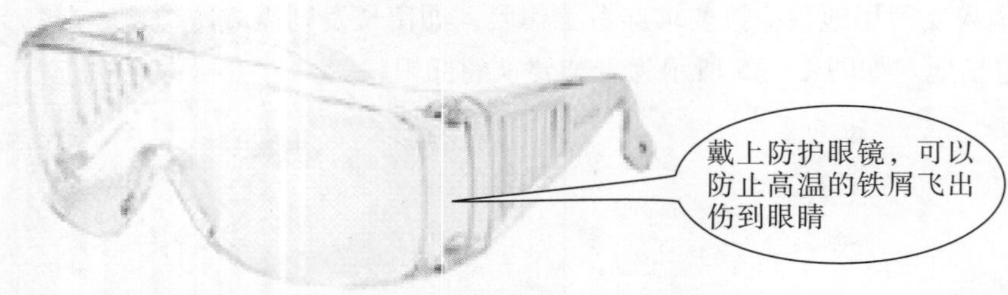

图 1 - 37 防护眼镜

（4）工作时禁止倚靠在机床上，如图1－38所示。

图1－38　工作时切勿倚靠机床

（5）车床转动时禁止测量工件或用手触摸工件的表面，如图1－39所示。

（a）错误

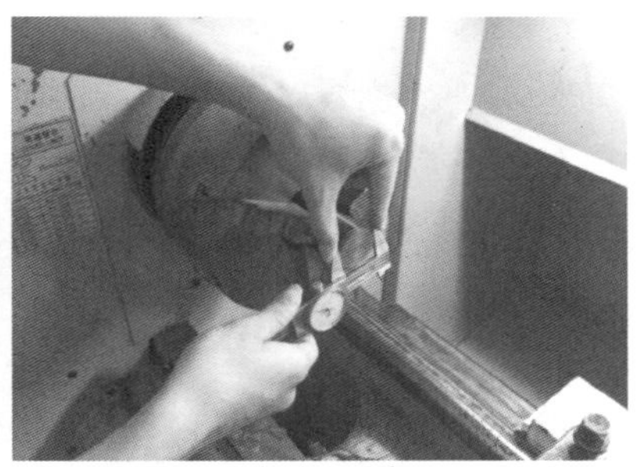
（b）正确

图1－39　停机方可检测工件

（6）工件装夹完毕，务必取下卡盘扳手，如图1－40所示。

图1－40　取下卡盘扳手

（7）保持工作环境清洁，工量具、图纸和工件摆放整齐，位置合理，床面不准随意放物品，如图 1－41 所示。

图 1－41　不乱摆乱放

（8）禁止在卡盘和床身导轨面上敲击或校正工件，如图 1－42 所示。

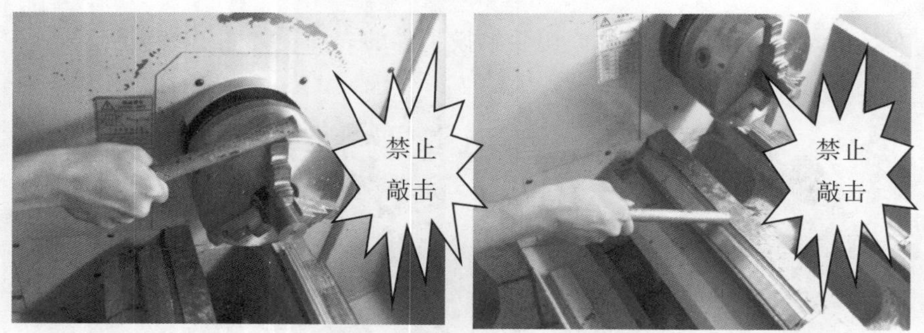

图 1－42　禁止敲击卡盘和床身导轨面

（9）禁止用量具敲击工件等硬物，如图 1－43 所示。

图 1－43　禁止敲击工件

（10）禁止在车间里奔跑，不乱扔东西。不准用切削液洗手，如图1－44所示。

图1－44 勿使用切削液洗手

（11）应用专用钩子清除切屑，禁止用手直接清除，如图1－45所示。

（a）错误 （b）正确

图1－45 正确清除切屑

四、相关知识

（一）计算机数控（CNC）装置的工作原理

计算机数控装置是数控系统的核心，主要由计算机硬件和软件组成，因此，可以将数控装置理解成带有控制软件的计算机。CNC装置在其硬件环境支持下，按照系统监控软件的控制逻辑，对程序输入、译码、刀具补偿、进给速度处理、插补、位置控制、输入/输出（I/O）处理、显示和诊断方面进行控制。CNC装置的主要工作包括以下内容：

（1）输入。需要输入CNC装置的有零件程序、控制参数和补偿量等数据。输入的形式有键盘输入、磁盘输入、连接上级计算机的DNC接口输入和网络输入等。从CNC装置的工作方式看，有存储工作方式和手工直接输入（Manual Direct Input，MDI）工作方式。

CNC 装置在输入过程中通常还要完成无效删除、代码校验和代码转换等工作。

(2) 译码。无论系统工作是 MDI 方式还是存储方式，都是将零件程序以一个程序段为单位进行处理，把其中的各种零件轮廓信息（如起点、终点、直线或圆弧等）、加工速度信息（F 代码）和其他辅助信息（M、S、T 代码等）按照一定的语法规则解释成计算机能够识别的数据形式，并以一定的数据格式存放在指定的内存专用单元。在译码过程中，还要完成对程序段的语法检查，若发现语法错误便会立即报警。

(3) 刀具补偿。刀具补偿包括刀具长度补偿和刀具半径补偿。其中，刀具半径补偿算法复杂，采用刀具补偿可以使编程得到简化，即直接以零件轮廓轨迹编程，而不用考虑刀具半径，实际上刀具补偿的作用是把零件轮廓轨迹转换成刀具中心轨迹。在现代数控装置中，刀具补偿的工作还包括程序段之间的自动转接和过切判别，通常称为 C 刀具补偿。

(4) 进给速度处理。进给速度处理是编程所给的刀具移动速度，是在各坐标的合成方向上的速度。进给速度处理要做的工作是根据合成速度来计算各运动坐标的分速度，在有些 CNC 装置中，对于机床允许的最低速度和最高速度的限制也一并进行处理。

(5) 插补。数控机床实现曲线和与坐标轴不平行的直线动作时，都是将动作分解到各个坐标轴上进行，如何分解就要通过插补功能来实现。插补的任务是在一条给定起点和终点的曲线上进行“数据点的密化”。插补程序在每个插补周期运行一次，在每个插补周期内，根据指令进给速度计算出一个微小的直线数据段。通常，经过若干次插补周期后，插补加工完一个程序段轨迹，即完成从程序段起点到终点的“数据点密化”工作。

(6) 位置控制。位置控制的主要任务是在每个采样周期内，将理论位置与实际反馈位置相比较，用其差值去控制伺服电动机。在位置控制中，通常还要完成位置回路的增量调整、各坐标方向的螺距误差补偿和反向间隙补偿，以提高机床的定位精度。

(7) 输入/输出（I/O）处理。I/O 处理主要处理 CNC 装置面板开关信号、机床电气信号的输入、输出和控制（如换刀、换挡、冷却等）。

(8) 显示。CNC 装置通过显示器来实现机床与用户的交流。主要显示内容包括零件程序的显示、参数显示、刀具位置显示、机床状态显示、报警显示等。有些 CNC 装置中还有刀具加工轨迹的静态和动态图形显示。

(9) 诊断。CNC 装置都具有联机和脱机诊断的能力。联机诊断是指 CNC 装置中的自诊断程序，可以随时检查不正确的事件；脱机诊断是指系统运转条件下的诊断，一般 CNC 类装置配备有各种脱机诊断程序以检查存储器、外围设备（CRT、阅读机、穿孔机）、I/O 接口等。脱机诊断还可以采用远程通信方式进行，即所谓的远程诊断，把用户的 CNC 通过网络与远程通信诊断中心的计算机相连，对 CNC 装置进行诊断、故障定位和修复。

（二）CNC 装置的功能

CNC 装置实际上就是一台专用微型计算机，通过软件可以实现许多功能。数控装置有多种系列，性能各异，在选用时要仔细考虑其功能。数控装置的功能通常包括基本功能和选择功能。基本功能是数控系统必备的功能，选择功能是供用户根据机床的特点和用途进行选择的功能。CNC 装置的功能主要反映在准备功能 G 指令代码和辅助功能 M 指令代码上。根据数控机床的类型、用途、档次，CNC 装置的功能有很大的不同。

CNC 装置能控制的轴数以及能同时控制联动的轴数是其主要性能之一。数控铣床和加工中心需要实现三轴甚至多轴的联动控制。控制的轴数越多，特别是联动轴数越多，CNC 装置的功能越强，CNC 装置就越复杂，编制程序也就越困难。CNC 装置可以通过其硬件和软件的结合，实现许多功能，其中包括以下功能：

（1）准备功能（G 功能）。准备功能也称为 G 功能，用来指定机床的动作方式，包括基本移动、程序暂停、平面选择、坐标设定、刀具补偿、基准点返回、固定循环、公英制转换等。

（2）插补功能。CNC 装置通过软件实现插补功能，插补计算实时性很强，一般数控装置都有直线和圆弧插补，高档数控装置还具有抛物线插补、螺旋线插补、极坐标插补、正弦插补、样条线插补等功能。

（3）主轴功能。CNC 装置既可以控制主轴的运动，也可以实现主轴的速度控制和准确定位。

（4）进给功能。进给功能用 F 代码直接指定进给速度，CNC 将其分解成各轴的相应速度。

（5）补偿功能。补偿功能包括传动件反向间隙软件补偿、丝杠螺距累积误差补偿等。

（6）辅助功能（M 功能）。辅助功能是数控加工中不可缺少的辅助操作，不同型号的数控装置具有的辅助功能差别很大，常用的辅助功能包括程序停止、主轴正/反转、切削液开/关、换刀等。辅助功能主要通过可编程机床控制器（PLC）来实现。

（7）程序编辑功能。程序编辑功能提供查找、删除、替换、翻页等编辑功能。

（8）字符、图形显示功能。CNC 装置可配置不同尺寸的单色或彩色 CRT 显示器，通过软件和接口实现字符、图形显示，可以显示程序、机床参数、各种补偿量、坐标位置、故障信息、人机对话编程菜单、零件图形和动态刀具模拟轨迹等。

（9）输入、输出和通信功能。一般的 CNC 装置可以接多种输入、输出外设，实现程序和参数的输入、输出和存储。CNC 装置还具有 RS232C 等网络接口，可实现通信功能。

（10）自诊断功能。CNC 装置中设置了各种诊断程序，可以对故障进行诊断和监控，在故障出现后可迅速查明故障类型及部位，减少故障停机时间。

CNC 装置的功能多种多样，随着技术的发展，功能也越来越丰富。其中，控制功能、插补功能、准备功能、主轴功能、进给功能、刀具功能、辅助功能、字符显示功能、自诊断功能等属于基本功能，而补偿功能、固定循环功能、图形显示功能、通信功能、网络功能和人机对话编程功能则属于选择功能。

（三）伺服驱动装置

（1）伺服驱动装置。伺服驱动装置是 CNC 装置和机床的联系环节，主要包括伺服驱动单元和伺服电动机。伺服驱动单元接受 CNC 装置发出的控制信息（弱电信号），经过放大、调整，转换成可驱动电动机动作的强电信号，完成程序所规定的操作。

（2）伺服系统的分类。伺服系统有多种分类方法，按应用分类有主轴伺服系统和进给伺服系统；按执行元件可分为直流电动机、交流电动机和步进电动机伺服系统；按有无检测元件和反馈环节可分为开环、闭环和半闭环伺服系统；按被控制量的性质可分为位置伺服系统和速度伺服系统。数控车床的精度与其使用的伺服系统类型有关。步进电动机开环伺服系统的定位精度是0.005～0.01 mm；对精度要求高的大型数控设备，通常采用交流或直流、闭环或半闭环伺服系统。对高精度系统必须采用精度高的检测元件，如光电编码器或光栅等。同时，对传动机构也必须采取相应措施，如采用高精度滚珠丝杠等。常用的半闭环伺服系统的定位精度为0.001 mm。

伺服驱动单元与伺服电动机如图1－46所示。

图1－46　伺服驱动单元与伺服电动机

练习与思考

1. 简述GSK980TDb数控系统数控车床开机、关机的步骤。
2. GSK980TDb数控系统数控车床有哪几种工作方式？
3. GSK980TDb数控系统数控车床的手动操作有哪几种？如何进行操作？
4. 在GSK980TDb数控系统数控车床如何进行程序的搜索、编辑、新程序的录入？
5. 在GSK980TDb数控系统数控车床如何建立工件坐标系？
6. 什么是刀具的长度补偿？在GSK980TDb数控系统数控车床确定刀具的长度补偿值有哪几种方法？如何录入？
7. GSK980TDb数控系统数控车床自动操作有哪几种？如何进行？要注意哪些方面？

任务2 编程基础及常用指令

学习目标

（1）掌握编程的基本知识。

（2）会用常用的编程指令进行编程。

学习内容

一、编程基础

（一）坐标系

1. 数控车床的坐标系与运动方向的规定

建立坐标系的基本原则有以下几点：

（1）永远假定工件静止，刀具相对于工件移动。

（2）坐标系采用右手直角笛卡尔坐标系。如图1－47所示 X 轴为水平面的前后方向（即中拖板运行的方向），Z 轴为水平面的左右方向（即大拖板运行的方向）。坐标系中刀具向工件靠近的方向为负方向，远离工件的方向为正方向。比较前后刀座的坐标系，X 方向正好相反，而 Z 方向是相同的。在以后的图示和例子中，用前刀座来说明编程的应用，而后刀座车床系统可以类推。

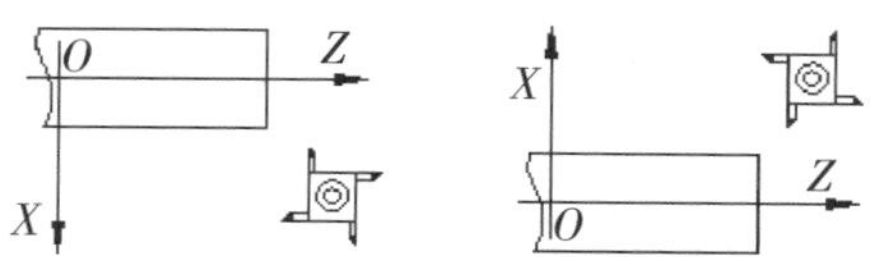

（a）前刀座坐标系 （b）后刀座坐标系

图1－47 数控车床的坐标系

（3）规定 Z 坐标的运动由传递切削动力的主轴决定，与主轴轴线平行的坐标轴即为 Z 轴，X 轴为水平方向，平行于工件装夹面并与 Z 轴垂直。

（4）规定以刀具远离工件的方向为坐标轴的正方向。

依据以上的原则，当车床为前置刀架时，X 轴正向向前，指向操作者，如图1－48所示；当车床为后置刀架时，X 轴正向向后，背离操作者，如图1－49所示。

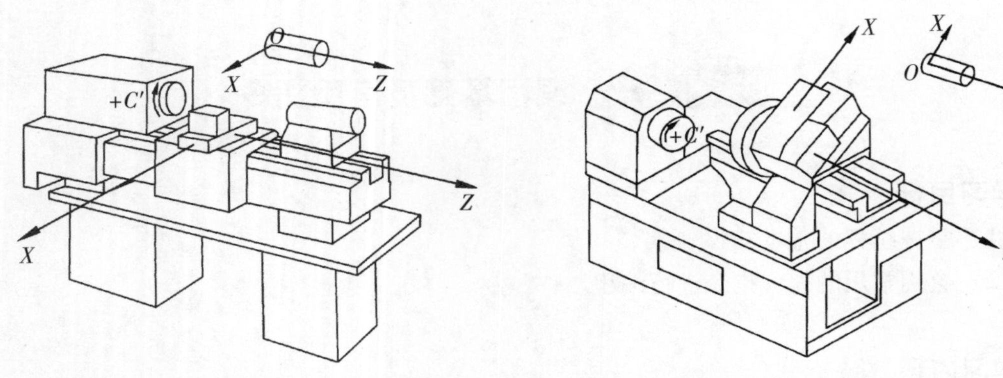

图 1－48　水平床身前置刀架式数控车床的坐标系　　图 1－49　倾斜床身后置刀架式数控车床的坐标系

2. 坐标系中的各原点

在数控编程中，涉及的各种原点较多，现将数控车床的一些主要原点（图 1－50）介绍如下：

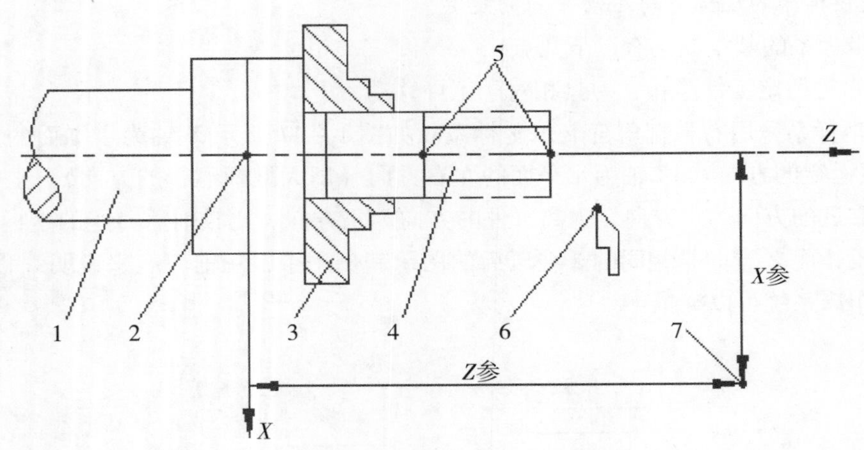

1. 主轴；2. 机床坐标系原点；3. 卡盘；4. 工件；5. 工件坐标系原点；
6. 程序原点；7. 机械原点

图 1－50　坐标系中的各原点

（1）机床坐标系原点。

机床坐标系原点简称机床原点，也称机床零位。它的位置通常由机床制造厂确定，数控车床的坐标系原点通常规定在机床主轴轴线与连接卡盘的法兰盘端面的交点上（如图 1－50中的 2 点）。该点是确定机床固定原点的基准。

（2）机械原点。

机械原点为车床上的固定位置，又称机床参考点。机械原点通常安装在 X 轴和 Z 轴的正方向的最大行程处（如图 1－50 中的 7 点）。若车床上没有安装机械原点，则编程中不能使用回机械原点的功能指令（如 G28）。

（3）工件坐标系原点。

在工件坐标系上，确定工件轮廓点坐标值的计算和编程原点称为工件坐标系原点，简称工件原点，也叫工件编程原点。工件坐标系的原点可由编程人员根据具体情况确定，一般设在图样的设计基准或工艺基准处。根据数控车床的特点，工件坐标系原点通常设在工件左、右端面的中心或卡盘前端面的中心（如图1－50中的5点）。

确定工件坐标系原点的原则是：①工件原点的位置在给定的零件图样上应为已知；②在该点建立的坐标系中，各几何要素关系应简洁明了，便于确定坐标值；③工件原点的位置应便于程序原点的确定。

（4）程序原点。

程序原点是指刀具（刀尖）在加工程序执行时的起点，又称为程序起点或称起刀点。程序原点的位置是与工件原点的位置相对的（如图1－50中的6点）。一般情况下，一个零件加工完毕后，刀具返回到程序原点位置，等候命令执行下一个零件的加工。

（二）编程坐标

在编制零件加工程序时，为了能准确描述刀具的运动轨迹，除正确使用各指令功能外，还必须具有符合图纸零件轮廓的基点（或节点）的坐标值。要正确识读零件图纸中各坐标点的坐标值，就得建立一个直角坐标系确定工件编程的坐标系原点，以此来确定零件图纸中各坐标点的坐标值。

1. 绝对坐标值（绝对尺寸坐标值）

绝对坐标值是指各坐标点到工件编程坐标系原点之间的垂直距离，用“X”表示径向坐标值，“Z”表示轴向坐标值，且X向在直径编程时表示直径量（实际距离的2倍），在半径编程时为实际距离，图1－51中各点的坐标值见表1－6。

表1－6 各坐标点的坐标值

以 O_1 为工件原点时			以 O_2 为工件原点时		
	X	Z		X	Z
P	60	50	P	60	15
A	0	35	A	0	0
B	20	25	B	20	－10
C	20	17	C	20	－18
D	30	10	D	30	－25
E	30	0	E	30	－35

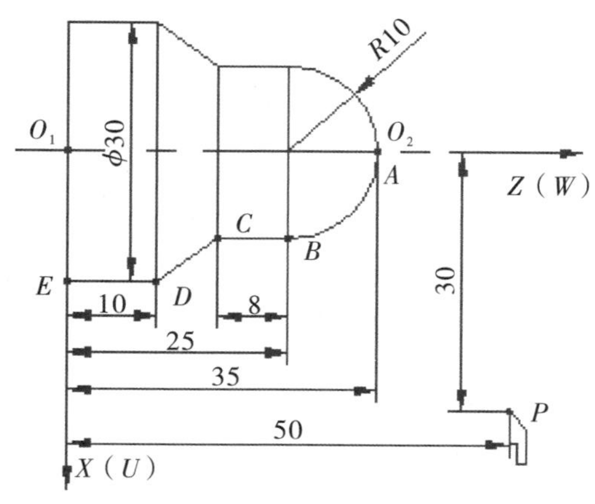

图1－51 坐标点的坐标值

2. 相对坐标值（相对尺寸坐标值或称增量尺寸坐标值）

相对坐标值是指在工件坐标系中，某点的坐标参数到另一点的距离作为参数值，即指令从前一个位置到下一个位置的距离作为参数值。径向用“*U*”表示，轴向用“*W*”表示，其正负由刀具运行的方向确定，当刀具运行方向与坐标轴正方向一致时为正值，反之为负值。如图1－51中各点的相对坐标值以加工顺序*P*→*A*→*B*→*C*→*D*→*E*为例，则各坐标点的相对坐标值为：

*A*点为*U*－60，*W*－15（相对于*P*点）；

*B*点为*U*20，*W*－10（相对于*A*点）；

*C*点为*U*0，*W*－8（相对于*B*点）；

*D*点为*U*10，*W*－7（相对于*C*点）；

*E*点为*U*0，*W*－10（相对于*D*点）。

3. 混合坐标（*X*/*Z*，*U*/*W*）

在同一程序段内既采用了绝对尺寸，同时又采用了相对（增量）尺寸进行编程。如图1－51中刀具从*A*点运行到*B*点编程坐标如下：

A→*B*：（*X*20，*W*－10）或（*U*20，*Z*25）。

（三）“初态”“模态”的概念

1. 初态

初态是指运行加工程序之前数控系统默认的功能状态，即机器里面已设置好的，一开机就进入的状态，如G98，G00。

2. 模态

模态是一种连续有效的指令，指某些指令及其功能字不仅在本程序段内起作用，而且在后续的程序段内仍保持作用，直到被新的指令或功能字所取代为止。具有模态的指令（或坐标、功能字）在开始段设置之后，在后续的程序段中若使用相同的指令（或坐标、功能字）时，则可省略不写（输入），如图1－52所示。

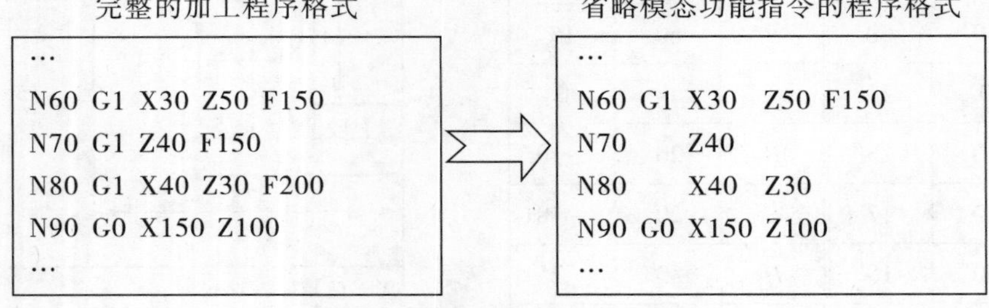

图1－52 模态指令示例

（四）加工程序的构成

一个完整的加工程序必须包括程序号、程序内容和结束符号三部分，此外还有子程序等，例如：

```
N10 G00 X150 Z150 S2 M3             ┐
N20 G99 T0101 M8                    │
N30 G00 X50 Z60                     │
N40 G71 U2 R1                       ├程序内容
N50 G71 P60 Q100 U0.5 W0 F0.4       │
……                                  │
N200 M30                            ┘
```

图1－53 加工程序示例

1．程序号

程序号用作加工程序的开始标识，就像人名一样，每个零件加工程序都有不同的程序号。程序号由地址码加数字组成，常用的地址码有%、P、O等，本系统采用字母O为地址码加四位数字组成主程序号，如“O1388”。用字母N为地址码加四位数字组成子程序号，如“N1010”。

2．程序内容

程序内容是由加工顺序、刀具的各种运动轨迹和各种辅助动作的一个个程序段组成。它是加工程序的主体结构，数控车床一般情况下是按程序内容的指令来进行加工的。程序段是由程序段号、指令功能字、坐标字、进给功能字、主轴功能字、刀具功能字及辅助功能字等一组地址字所组成。如：

N0050　G01　X40　Z30　F200　S02　M03

式中：

N0050——程序段号，可简写为“N50”；

G01——G指令功能字，可简写为“G1”；

X40，Z30——坐标字；

F200——进给功能字；

S02——主轴功能字，可简写为“S2”；

M03——辅助功能字，可简写为“M3”。

（1）程序段号反映一个程序段在整个加工程序中的顺序位置，通常由地址字母“N”加4位数字组成，如上式中“N0050”（前导0可省略，即“N50”）表示第50段程序。

（2）地址字也叫程序字，简称为“字”，它是由地址符（字母或字符）加数字组成，如上式中的“N0050”“G01”“X40”“Z30”“F200”“S02”“M03”等都是地址字。

3．结束符号

结束符号表示加工程序结束，并返回至程序开头，常用M02或M30表示加工程序结束，本系统用M30表示。

（五）辅助功能

辅助功能又称 M 功能，主要用来表示机床操作时，各种辅助动作及其状态。它由地址 M 及其后面的两位数字组成。

1. 常用辅助功能介绍

标准如表 1－7 所示。

表 1－7　辅助功能 M 指令

序号	代码	功能	序号	代码	功能
1	M00	程序停止	7	M32	润滑油开
2	M03	主轴正转	8	M33	润滑油关
3	M04	主轴反转	9	M30	程序结束
4	M05	主轴停止	10	M98	调用子程序
5	M08	切削液开	11	M99	子程序结束
6	M09	切削液关			

2. 常用辅助功能简要说明

（1）M00 程序停止。执行 M00 后，程序停止执行，机床运行动作被切断（但主轴及切削液功能正常运行），以便进行某种手动操作。重新按动程序启动按钮后，再继续执行后面的程序段。

（2）M30 程序结束。执行该指令后，表示程序已经执行完毕，并自动返回到程序开头位置，为加工下一个工件做好准备。

（3）M98 子程序调用指令。执行该指令后系统将跳转到指定的子程序运行。

（4）M99 子程序返回指令。执行该指令后系统将返回到主程序继续往下运行。

（六）F、T、S 功能

1. F 功能（进给速度功能）

指定切削进给速度，由地址 F 和其后面的数字组成，常用于 G 指令程序段段尾。指定刀具切削进给时的大拖板移动速度（中拖板则为 F/2）单位为 mm/min 或 mm/r，如 N30、G01、X30、Z40、F150。

（1）每转进给（G99）。

在含有 G99 程序段后面，再遇到 F 指令时，则认为 F 所指定的进给速度单位为 mm/r。F 指定范围为 0.01～500 mm/r，如 N50、G99、G02、X40、Z35、R20、F0.2，表示进给量为每转 0.2 mm。G99 被执行一次后，系统将保持 G99 状态，直到被 G98 取消为止。

（2）每分钟进给（G98）。

在含有 G98 程序段后面，再遇到 F 指令时，则认为 F 所指定的进给速度单位为mm/min。

F 指定范围为 1～8 000 mm/min，如 N50、G98、G03、X40、Z35、R20、F600，表示切削进给速度为每分钟 600 mm。G98 被执行一次后，系统将保持 G98 状态，直到被 G99 取消为止。

系统开机状态（初态）为 G98 状态，只有输入 G99 指令后，G98 才被取消。

2. T 功能（刀具功能）

指定系统进行选刀或换刀动作，由地址 T 和后面的数字组成。指令格式为 Tab（式中 a 表示刀具号，b 表示刀具补偿组别代号）。

a 和 b 有两种表达形式：1 位数表达或 2 位数表达（本系统采用 2 位数表达）。如 T0203 表示换 2 号刀位执行第 3 组刀具补偿值。

3. S 功能（主轴功能）

指定主轴转速或切削线速度，用地址 S 和后面的数字组成。当主轴电机为有级电机时，常用 S1 和 S2 表示主轴高、低速档位。当主轴电机为无级变速电机时，则用 S 值表示主轴转速或切削线速度。

（1）恒线速度控制（G96）。

G96 是接通恒线速度控制的指令。系统执行 G96 指令后，S 后面的数值表示切削线速度，例如 G96、S100 表示切削时线速度是 100 m/min。

切削速度（线速度）公式为：$V=\pi dn/1\,000$（m/min）。

（2）取消恒线速度控制（G97）。

G97 是取消恒线速度控制的指令（初态）。系统执行 G97 指令后，S 后面的数值是表示主轴每分钟的转数。例如 G97、S500 表示主轴转速为 500 r/min。

（3）主轴最高速度限定（G50）。

G50 除有坐标系设定功能外，还有主轴最高转速设定功能，即用 S 指定的数值设定主轴每分钟的最高转速。例如 G50、S2000 表示限制主轴最高转速不超过 2 000 r/min。

说明：F 功能、T 功能、S 功能均为模态代码。

（七）准备功能

准备功能又称 G 功能或 G 代码，它是建立在机床或数控系统工作方式的一种命令，由地址 G 及其后面的两位数字组成。常用准备功能标准如表 1-8 所示。

表 1-8　常用准备功能 G 指令

序号	代码	组别	功能
1	G00	01	快速点定位（快速移动）
2	G01		直线插补（进给速度移动）
3	G02		顺时针圆弧插补（后刀座）
4	G03		逆时针圆弧插补（后刀座）

（续上表）

序号	代码	组别	功能
5	G04	00	延迟（暂停）
6	G28	00	返回参考点（机械原点）
7	G32	01	螺纹切削
8 9 10 11 12 13 14 15	G50 G70 G71 G72 G73 G74 G75 G76	00	坐标系设定、最高转速设定 精加工循环 复合外圆、内圆粗车循环 端面粗车循环 封闭切削循环 端面、深孔切削循环 内、外圆切槽循环 螺纹复合切削循环
16 17 18	G90 G92 G94	01	内、外圆柱面、圆锥面切削循环 螺纹切削循环 端面切削循环
19 20	G96 G97	02	恒线速度控制 取消恒线速度控制
21 22	G98 G99	05	每分钟进给量设定 每转进给量设定

注：

（1）其中00组的G代码是一次性代码。

（2）在同一个程序段中，可以指令几个不同组的G代码，如果在同一个程序段中指令了两个以上的同组G代码，后一个G代码有效。

二、常用编程指令

（一）程序编写

1. 坐标系设定指令（G50）

功能作用：

确定刀尖起点与工件坐标系原点的位置关系。

指令格式：

N__　G50 X__　Z__　。

字母含义：

N——表示程序段号；

X——表示刀尖起点（当前点）在 *X* 轴上的坐标值；

Z——表示刀尖起点（当前点）在 *Z* 轴上的坐标值。

编程实例如图 1－54 所示。

（1）当以 O_1点为坐标原点时，＊N10 G50 X60 Z50。

（2）当以 O_2点为坐标原点时，＊N10 G50 X30 Z15。

适用场合：

用于程序的开头部分指定刀尖起点与工件坐标系原点的位置。

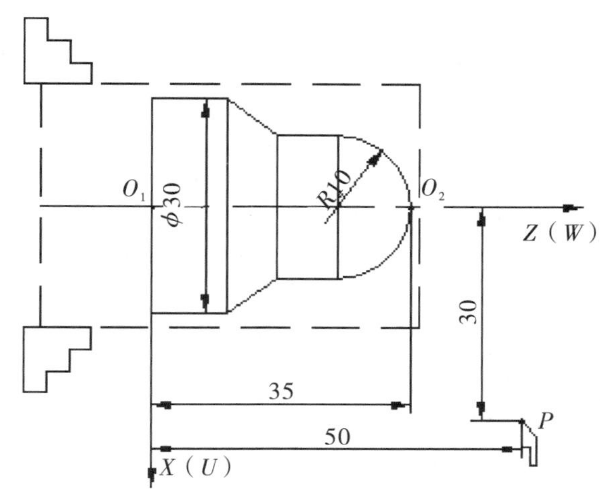

图 1－54 工件坐标系

注意事项：

（1）设置本指令时必须采用绝对坐标编程。

（2）零件加工程序中可设置本指令也可不设置本指令（建议不设置）。

（3）在程序开头一旦设置了本指令，则加工零件前必须找正刀具的起始点。

2. 快速点定位指令（G00）

功能作用：

使刀具快速移动到指定的位置。

指令格式：

N＿ G00 X（U）＿ Z（W）＿ 。

字母含义：

X、*Z*——表示轨迹终点的绝对坐标值；

U、*W*——表示刀尖起点与终点间在坐标轴上的距离。

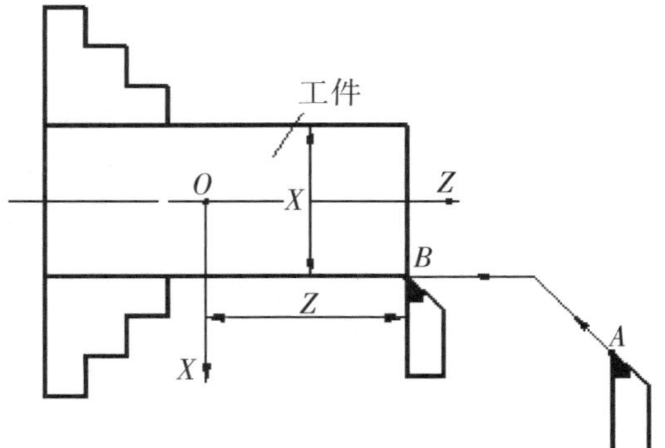

图 1－55 G00 轨迹图

刀具轨迹：

如图 1－55 所示，刀具从 *A* 点快速定位到 *B* 点其轨迹是先以1∶1的步数（*Z* 轴移动距离是 *X* 轴移动距离的两倍）双坐标联动走完短轴再单坐标移动走完长轴的，最终刀尖停在终点 *B* 处。

编程实例：

如图 1－56 所示，刀具从 A 点快速定位到 B 点时程序可编制如下：

N20 G00 X30 Z50

或 N20 G00 U－30 W－40

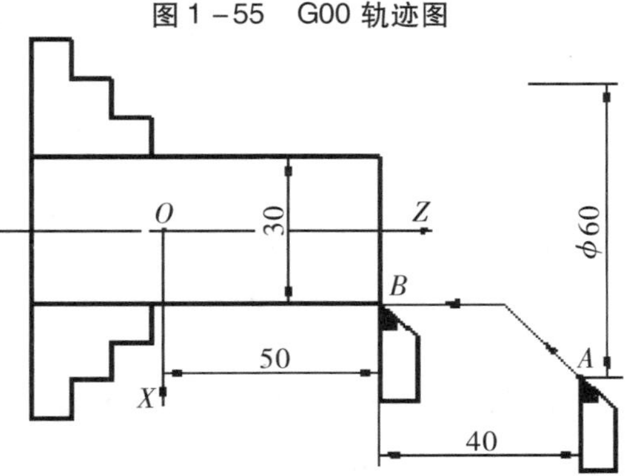

图 1－56 G00 实例

适用场合：

适合于拖板的空行程（刀具不与工件或卡盘和尾座接触）的快速移动。

注意事项：

程序段中不设置刀具移动速度，其速度在22、23号参数中设定。

程序前三步的编写：

N10 G50 X__ Z__;

N20 S__ T__ M03;

N30 G00 X__ Z__。

程序后三步的编写：

O1212

N__ G00 X__ Z__;

N__ M05 T__;

N__ M30。

3. 直线插补指令（G01）

功能作用：

使刀具以切削进给速度作直线位移。

指令格式：

N__ G01 X（U）__ Z（W）__ F__。

字母含义：

X、*Z*、*U*、*W*——同G00意义一致；

F——表示切削进给速度（单位为mm/min或mm/r）。

刀具轨迹：

走刀路线轨迹始终为一条由起点到终点的直线。如图1-57所示起点*A*到终点*B*的轨迹为一直线，最终刀尖停在终点*B*处。

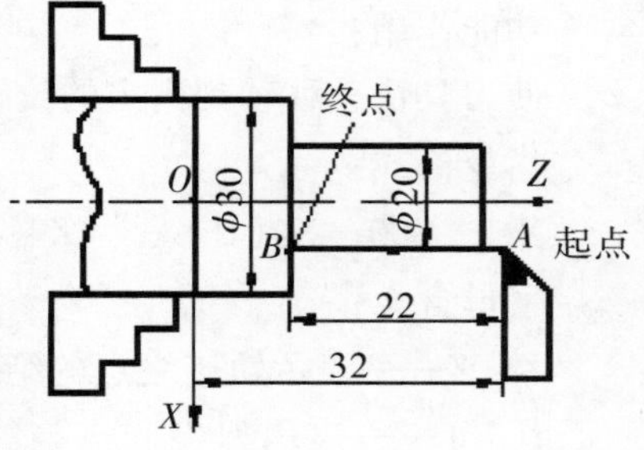

图1-57 直线插补（1）

编程实例：

如图1-58所示刀具走刀路线为*A*→*B*→*C*→*D*。

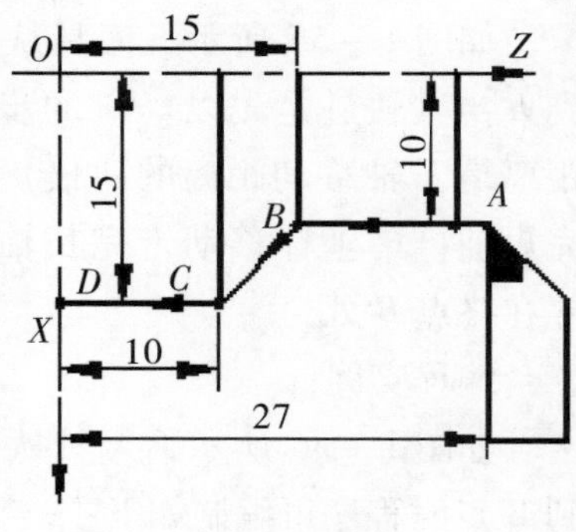

图1-58 直线插补（2）

绝对编程为	N10 G01 Z15 F150	*A*→*B*
	N20 X30 Z10	*B*→*C*
	N30 Z0	*C*→*D*
相对编程为	N10 G01 W-12 F150	*A*→*B*
	N20 U10 W-5	*B*→*C*
	N30 W-10	*C*→*D*
混合编程为	N10 G01 W-12 F150	*A*→*B*
	N20 U10 Z10	*B*→*C*
	N30 W-10	*C*→*D*

或 N10 G01 W－12 F150　　$A \to B$
N20 X30 W－5　　$B \to C$
N30 Z0　　$C \to D$

适用场合：

本指令适合外圆、内孔、端面、内外槽、内外锥及正反锥等加工余量不多的精加工场合。

注意事项：

（1）采用 G01 指令时，在 G01 指令的程序首段段尾应指定进给速度 F 值，而在其后的程序段若还是保持本指令功能则可不再指定。

（2）若 G01 程序段之前没指定 F 值，G01 程序段本身也没指定 F 值，则系统会自动采用 G00 运行方式执行。

4. 圆弧插补指令（G02，G03）

功能作用：

利用本指令可进行圆弧、圆球面的加工。

指令选择：

根据刀具从圆弧起点到圆弧终点的运行轨迹方向来进行判断和选择。顺时针方向运行的选 G02 指令称为顺圆弧；逆时针方向运行的选 G03 指令，称为遂圆弧，如图 1－59 所示。

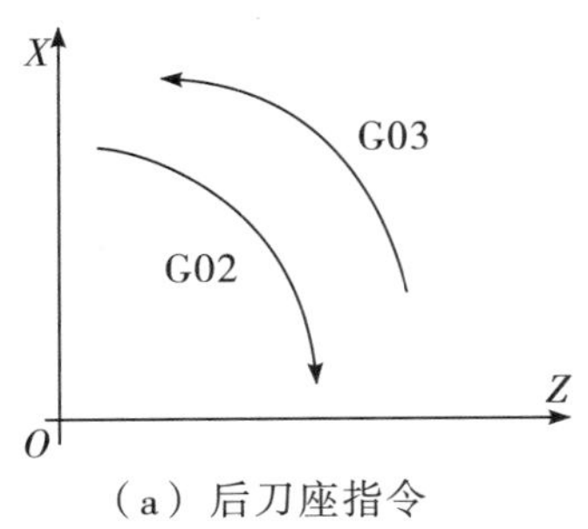

（a）后刀座指令

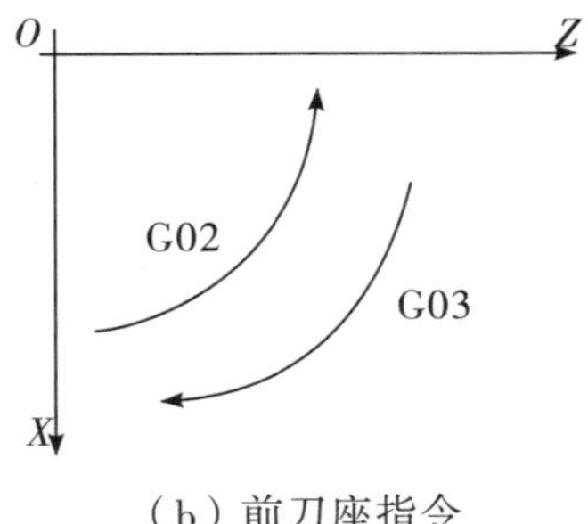

（b）前刀座指令

图 1－59　圆弧插补

指令格式：

N __ G02　X（U）__　Z（W）__　R（I、K）__　F __；

N __ G03　X（U）__　Z（W）__　R（I、K）__　F __。

字母含义：

X、Z——表示圆弧终点的坐标值；

U、W——表示圆弧起点到圆弧终点之间的距离及运行方向；

R——表示圆弧的半径。

I、*K*——表示圆弧的圆心点与圆弧车削时的起点分别在*X*、*Z*坐标轴上的垂直投影距离，其值正负的判别由圆弧起点作为基准参考点，圆心在以圆弧起点为原点的坐标轴正方向为正值、反方向为负值，如图 1 - 60 所示。

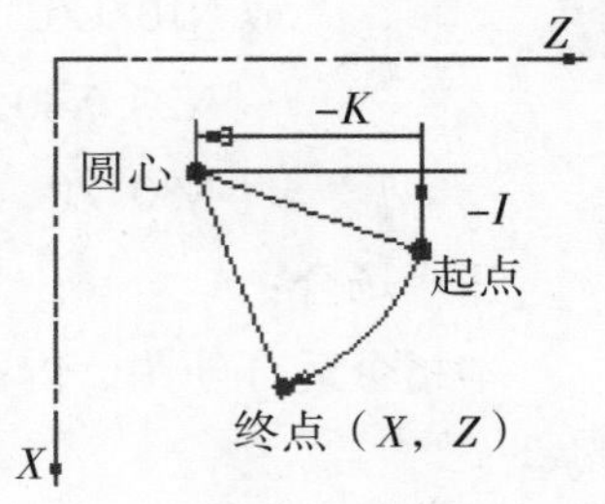

图 1 - 60　垂直投影距离

刀具轨迹：

如图 1 - 61 所示，刀具轨迹是由圆弧起点向圆弧终点沿着球面或圆弧面走刀，走刀完毕刀尖停在圆弧的终点处。

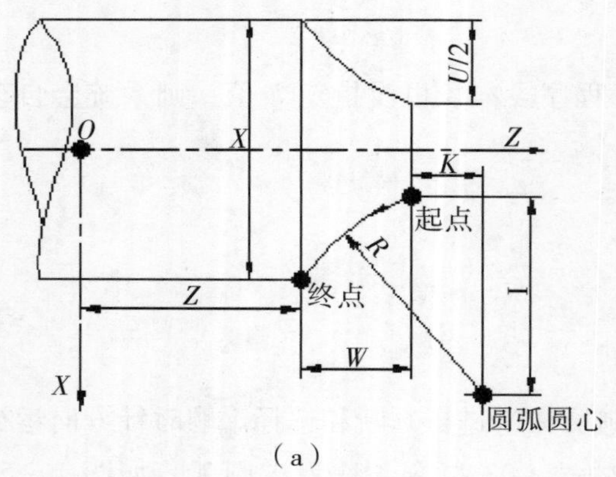

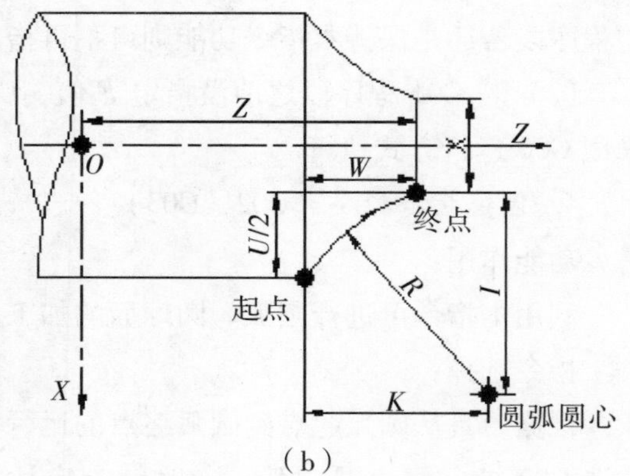

图 1 - 61　刀具轨迹

编程实例：

如图 1 - 62 所示，从*A*到*B*切削*R*10 的圆弧其程序可编制如下：

```
…
N30 G03 X20 Z8 R10 F150;
…
```

或

```
…
N30 G03 X20 Z8 I0 K-10 F150;
…
```

或

```
…
N30 G03 U20 W-10 R10 F150;
…
```

或

```
…
N30 G03 X20 W-10 I0 K-10 F150;
…
```

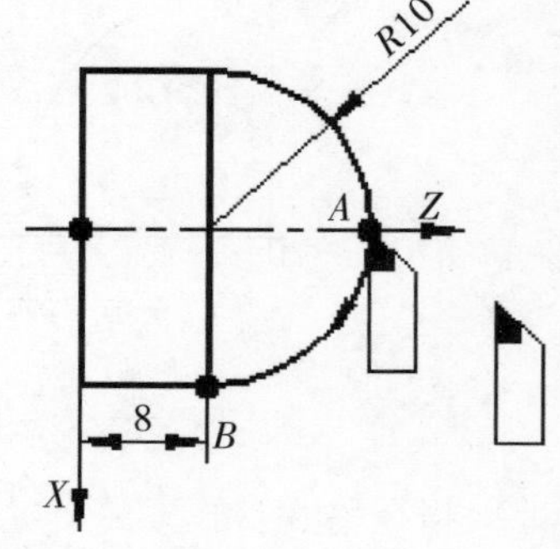

图 1 - 62　圆弧编程实例

适用场合：

适合余量不多的各种内、外圆弧球面的精加工。

注意事项：

（1）指定圆心位置时通常只选择 I、K 或 R 指定的其中一种；若程序段中同时指定了 I、K 和 R，则 R 有效而 I、K 无效。

（2）当用 R 指定圆心位置时，只能指定圆心角≤180°的圆弧而不能指定圆心角＞180°的圆弧（如图 1－63 所示的 2 段圆弧）。

（3）使用 I、K 时，圆弧的起点坐标和终点坐标即使有误差，系统也不会报警。

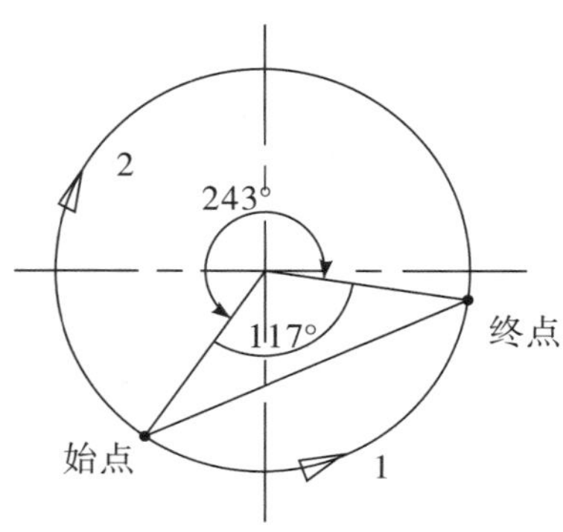

图 1－63 指定圆心位置

5．外圆、内圆切削循环 G90

单一固定循环指令可以把一系列连续加工动作，如“切入→切削→退刀→返回”，用一个循环指令完成，从而简化编程。这类指令包括 G90、G94、G92。圆柱面和圆锥面切削单一循环指令 G90（用于轴类零件）。

（1）圆柱面单一固定循环切削指令格式：G90 X（U）__ Z（W）__ F__ 。

其中：X、Z——表示切削段的终点绝对坐标值；

U、W——表示切削段的终点相对于循环起点的增量坐标值；

F——表示进给速度。

如图 1－64 所示。

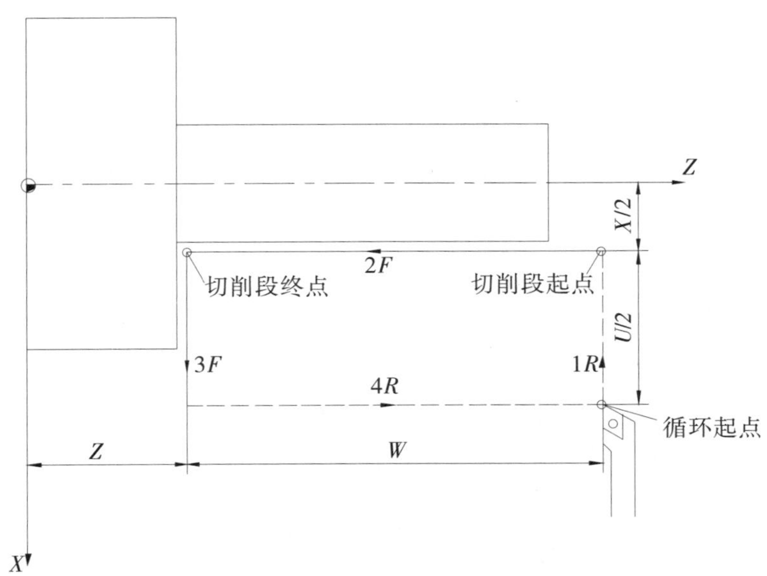

图 1－64 内外圆切削循环

编程实例：

在卧式数控车床上加工如图 1－65 所示的轴类零件，试利用圆柱面切削单一循环指令编写其粗、精加工程序（图中 R 表示 G00 快速走刀，F 表示 G01 进给速度走刀）。

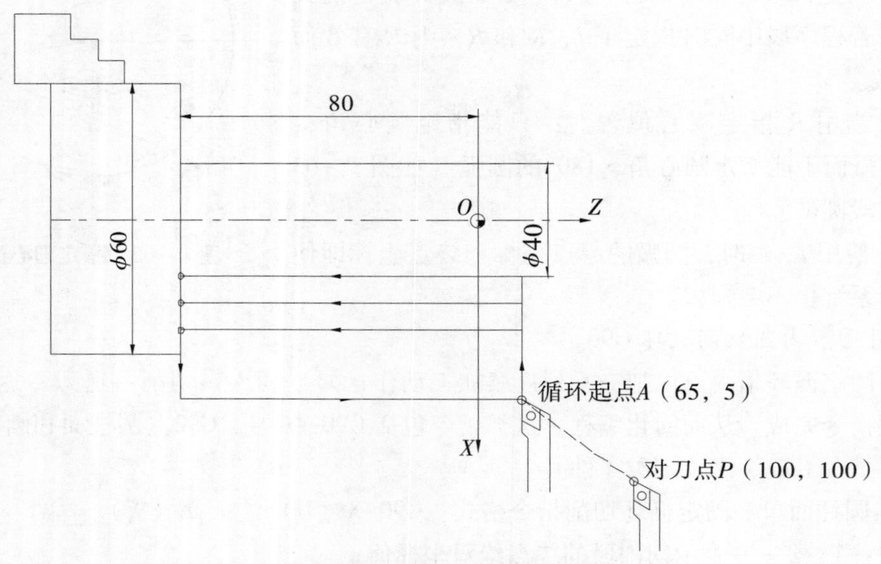

图 1－65　利用圆柱面切削单一循环指令编写程序

其程序单为：

O5234；（采用直径编程）

N10　G50　X100.0　Z100.0；

N20　M03　S1000；

N30　G00　X65.0　Z5.0　M08；

N40　G90　X55.0　Z－80.0　F200；

N50　X50.0；

N60　X45.0；

N70　X40.0；

N80　G00　X100.0　Z100.0　M09；

N90　M05；

N100　M30。

（2）圆锥面切削单一循环指令格式：G90　X（U）＿　Z（W）＿　I＿　F＿　。

其中：X、Z——表示切削段的终点绝对坐标值；

U、W——表示切削段的终点相对于循环起点的增量坐标值；

I——表示切削段起点相对终点的 X 方向上的半径之差（通常为负值），即直径编程：$I=$（X 起点 $-X$ 终点）/2，半径编程：$I=X$ 起点 $-X$ 终点。

F——表示进给速度。

如图 1－66 所示。

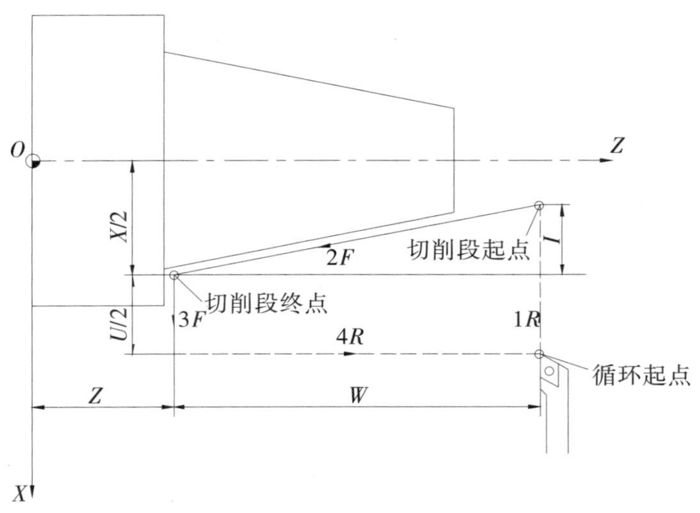

图 1－66　圆锥面切削单一循环

编程实例：

在卧式数控车床上加工如图 1－67 所示的轴类零件，试利用圆锥面切削单一循环指令编写其粗、精加工程序。

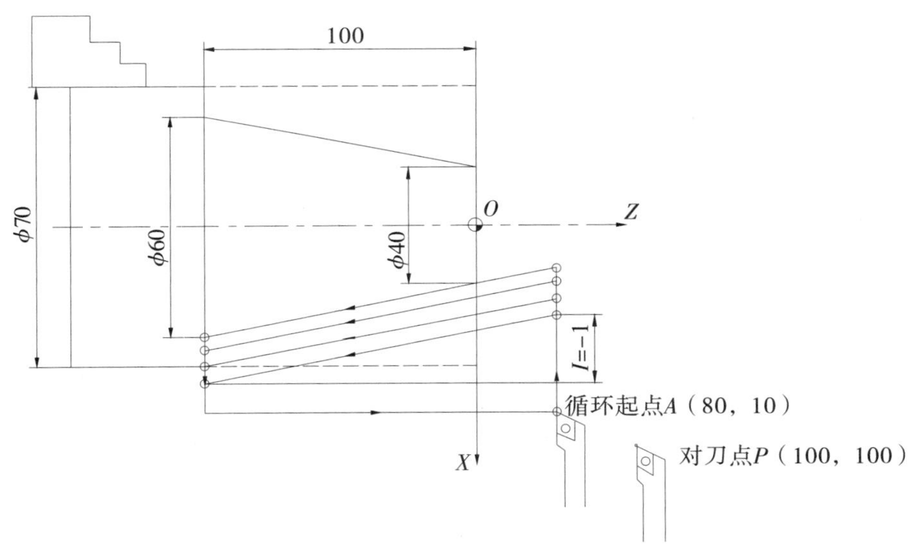

图 1－67　利用圆锥面切削单一循环指令编写程序

其程序单为：

O6234；（采用直径编程）

N10　G50　X100.0　Z100.0；

N20　M03　S1000；

N30　G00　X80.0　Z10.0　M08；

N40 G90 X75.0 Z-100.0 I-11.0 F200;

N50 X70.0;

N60 X65.0;

N70 X60.0;

N80 G00 X100.0 Z100.0 M09;

N90 M05;

N100 M30。

6. 端面切削循环 G94

端面切削单一固定循环指令 G94 用于盘类零件。

(1) 平端面切削单一固定循环指令格式：G94 X (U) __ Z (W) __ F__ 。

其中：X、Z——表示切削段的终点绝对坐标值；

U、W——表示切削段的终点相对于循环起点的增量坐标值；

F——表示进给速度。

如图 1-68 (a) 所示。

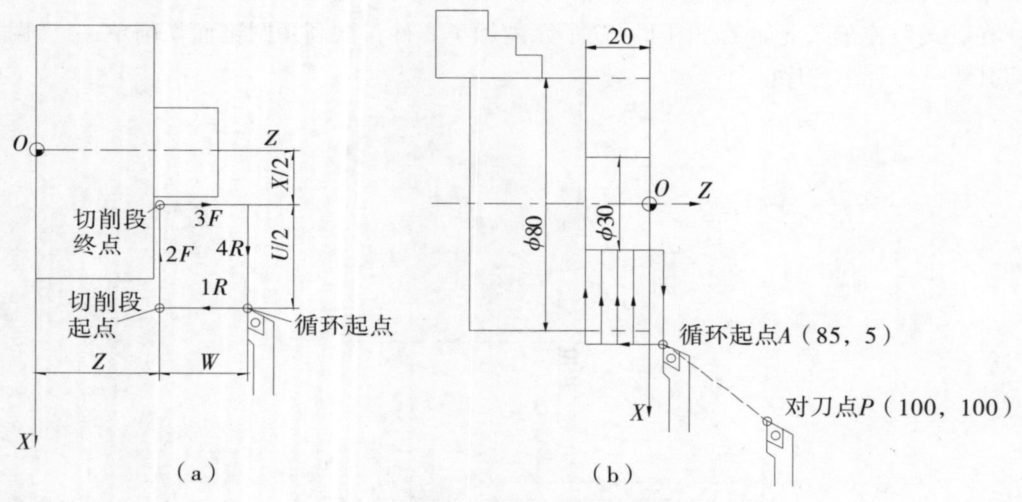

图 1-68 端面切削循环 G94

编程实例：

在卧式数控车床上加工如图 1-68 (b) 所示的盘类零件，试利用端面切削单一循环指令编写其粗、精加工程序。

其程序单为：

O7234; (采用直径编程)

N10 G50 X100.0 Z100.0;

N20 M03 S1000;

N30 G00 X85.0 Z5.0 M08;

N40 G94 X30.0 Z-5.0 F200;

N50 Z－10.0；

N60 Z－15.0；

N70 Z－20.0；

N80 G00 X100.0 Z100.0 M09；

N90 M05；

N100 M30。

（2）锥端面切削单一循环指令格式：G94 X（U）＿ Z（W）＿ K＿ F＿ 。

其中：*X*、*Z*——表示切削段的终点绝对坐标值；

U、*W*——表示切削段的终点相对于循环起点的增量坐标值；

K——表示切削段起点相对终点的 *Z* 方向坐标值之差（通常为负值），即 *K*＝*Z* 起点－*Z* 终点。

F——表示进给速度。

如图1－69（a）所示。

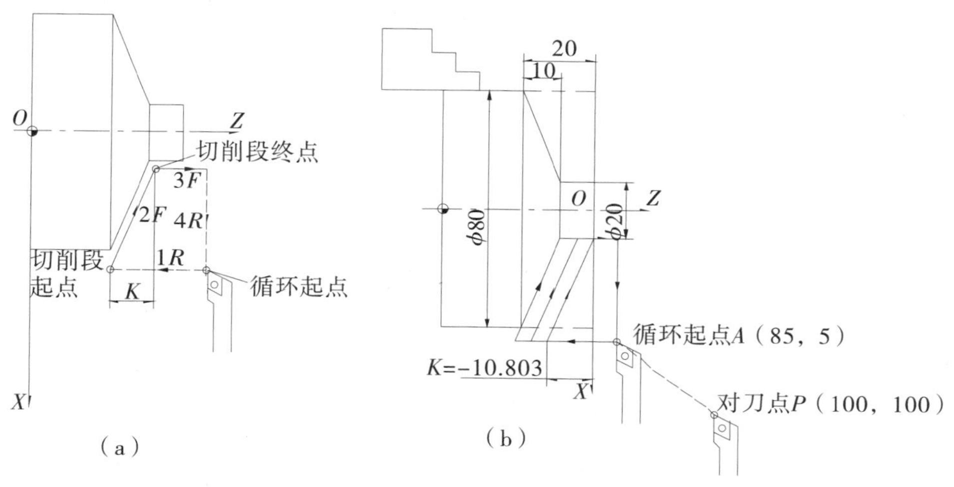

图1－69 锥端面切削单一循环

编程实例：

在卧式数控车床上加工如图1－69（b）所示的盘类零件。试利用端面切削单一循环指令编写其粗、精加工程序。

其程序单为：

O8234；（采用直径编程）

N10 G50 X100.0 Z100.0；

N20 M03 S1000；

N30 G00 X85.0 Z5.0 M08；

N40 G94 X20.0 Z0 K－10.803 F200；

N50 Z－5.0；

N60 Z－10.0；

N70 G00 X100.0 Z100.0 M09;

N70 M05;

N90 M30。

7. 螺纹切削循环 G92

数控车床可以加工圆柱面螺纹、圆锥面螺纹以及端面螺纹，尤其是普通车床不能加工的特殊螺距的螺纹、变螺距的螺纹在数控车床上也能加工。车螺纹时应注意以下两个问题：

（1）车螺纹时一定要有切入段 δ_1 和切出段 δ_2，如图 1－70 所示。

在数控车床上加工螺纹时沿螺距方向进给速度与主轴转速之间有严格的匹配关系（即主轴转一转，刀具移动一个导程），为避免在进给机构加速和减速过程中加工螺纹产生螺距误差，因此加工螺纹时一定要有切入段 δ_1 和切出段 δ_2。另外，留有切入段 δ_1，可以避免刀具与工件相碰；留有切出段 δ_2，可以避免螺纹加工不完整。切入段 δ_1 和切出段 δ_2 的大小与进给系统的动态特性和螺纹精度有关。一般 $\delta_1 = 2 \sim 5$ mm，$\delta_2 = 1.5 \sim 3$ mm。

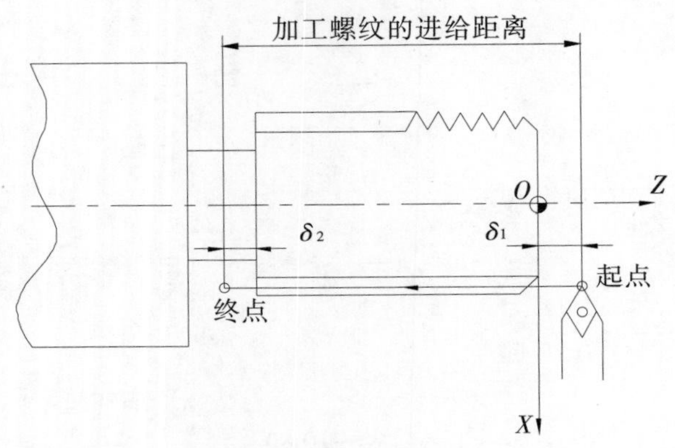

图 1－70 切入段和切出段

（2）螺纹加工一般需要多次走刀，各次的切削深度应按递减规律分配，如图 1－71 所示。

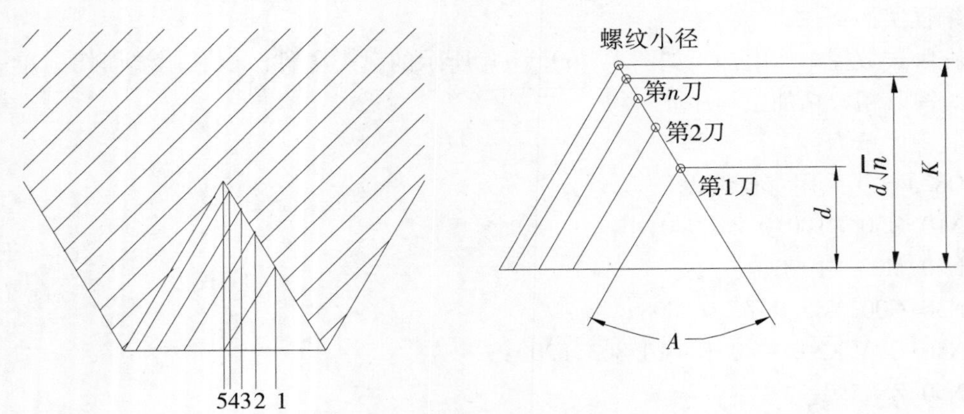

图 1－71 走刀的切削深度

由图 1－71 不难分析，如果各次的切削深度不按递减规律分配，就会使切削面积逐渐增大，从而使切削力逐渐增大，最终影响加工精度。所以，各次的切削深度应按递减规律分配。常用普通公制螺纹及英制螺纹加工走刀次数与分层切削深度参见表 1－9。

表 1－9 常用普通公制螺纹及英制螺纹加工走刀次数与分层切削深度表

普通公制螺纹								
螺距		1.0	1.5	2.0	2.5	3.0	3.5	4.0
牙型高度		0.649	0.977	1.299	1.624	1.949	2.273	2.598
走刀次数及分层切削深度	1 次	0.7	0.8	0.9	1.0	1.2	1.5	1.5
	2 次	0.4	0.6	0.6	0.7	0.7	0.7	0.8
	3 次	0.2	0.4	0.6	0.6	0.6	0.6	0.6
	4 次		0.16	0.4	0.4	0.4	0.6	0.6
	5 次			0.1	0.4	0.4	0.4	0.4
	6 次				0.15	0.4	0.4	0.4
	7 次					0.2	0.2	0.4
	8 次						0.15	0.3
	9 次							0.2
英制螺纹								
牙/in		24	18	16	14	12	10	8
牙型高度		0.678	0.904	1.016	1.126	1.355	1.626	2.033
走刀次数及分层切削深度	1 次	0.8	0.8	0.8	0.8	0.9	1.0	1.2
	2 次	0.4	0.6	0.6	0.6	0.6	0.7	0.7
	3 次	0.16	0.3	0.4	0.5	0.6	0.6	0.6
	4 次		0.11	0.14	0.3	0.4	0.4	0.5
	5 次				0.13	0.21	0.4	0.5
	6 次						0.16	0.4
	7 次							0.2

8. 单一固定循环车螺纹加工指令 G92

单一固定循环车螺纹加工指令可以把一系列连续加工动作，如“切入→切削→退刀→返回”，用一个循环指令完成，从而简化编程（*R* 表示 G00 快速走刀，*F* 表示 G32 进给速度走刀）。

（1）圆柱面单一固定循环螺纹加工指令格式：G92 X（U）__ Z（W）__ F__ 。

其中：*X*、*Z*——表示车螺纹段的终点绝对坐标值；

U、*W*——表示切削段的终点相对于循环起点的增量坐标值；

F——表示螺纹的导程（单头为螺距）。

如图 1－72 所示。

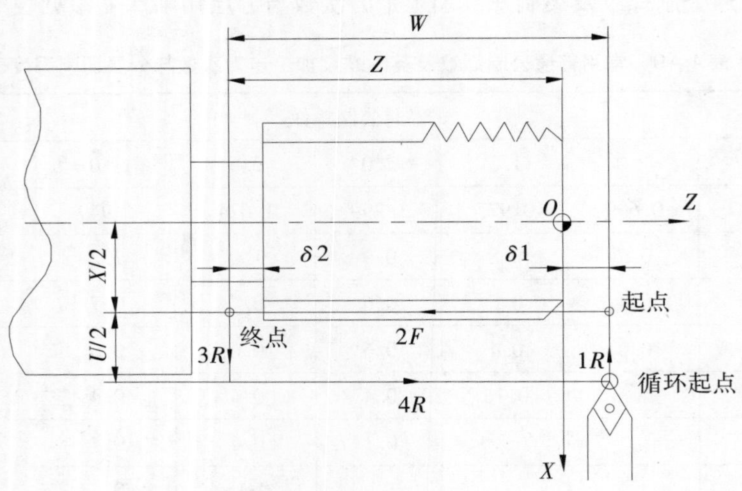

图 1－72　G92 循环指令

编程实例：

利用 G92 指令加工如图 1－73 所示的 M30×1.5 的圆柱面螺纹，试编写其加工程序。

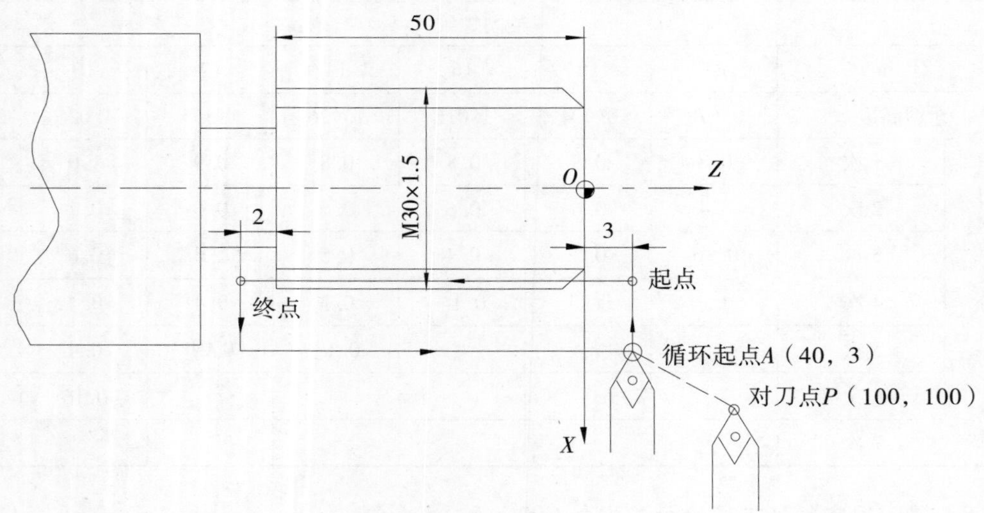

图 1－73　编写圆柱面螺纹加工程序

螺距为 1.5 mm，分四次走刀，每次切削深度为（直径值）：d_1 ＝0.8 mm、d_2 ＝0.6 mm、d_3 ＝0.4 mm、d_4 ＝0.16 mm；坐标系、循环起点、对刀点、切入和切出距离如图 1－73 所示。

其程序单为：

O4254；（采用直径编程）

N10 G50 X100.0 Z100.0；
N20 M03 S1000；
N30 G00 40.0 Z3.0 M08；
N40 G92 X27.2 Z－52.0 F1.5；（d_1＝0.8 mm 第一刀车螺纹）
N50 X26.6；（d_2＝0.6 mm 第二刀车螺纹）
N60 X26.2；（d_3＝0.4 mm 第三刀车螺纹）
N70 X26.04；（d_4＝0.16 mm 第四刀车螺纹）
N80 G00 X100.0 Z100.0 M09；
N90 M05；
N100 M30。

（2）圆锥面单一固定循环螺纹加工指令格式：G92 X（U）__ Z（W）__ I__ F__。

其中：*X*、*Z*——表示切削螺纹段的终点绝对坐标值；

U、*W*——表示切削螺纹段的终点相对于循环起点的增量坐标值；

I——表示切削螺纹段的起点相对终点的 *X* 方向上的半径之差（通常为负值），即：直径编程：*I*＝（*X* 起点－*X* 终点）/2，半径编程：*I*＝*X* 起点－*X* 终点。

F——表示螺纹的导程（单头为螺距）。

如图1－74所示。

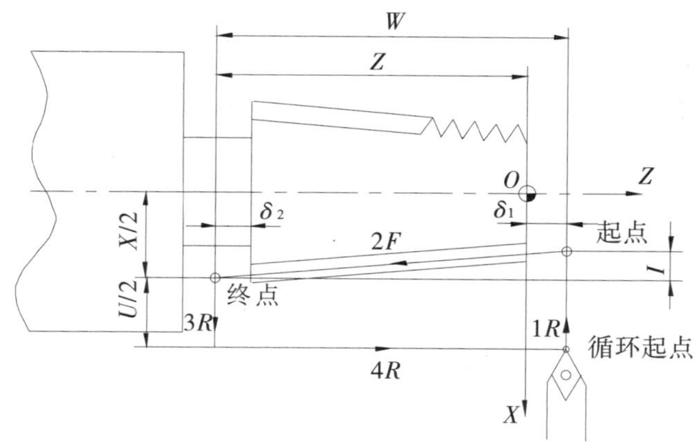

图1－74 圆锥面单一固定循环螺纹加工

编程实例：

利用G92指令加工如图1－75所示的圆锥面螺纹。若螺纹的螺距为1.5 mm，试编写其加工程序。

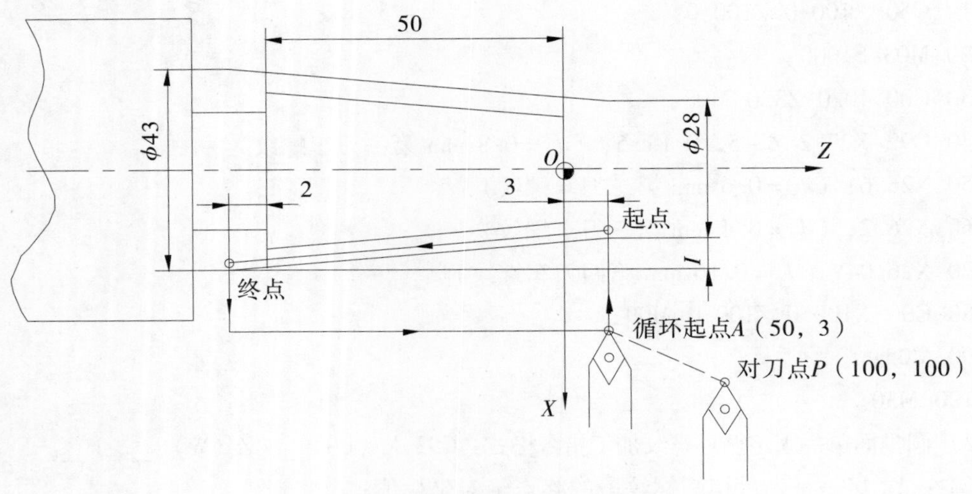

图 1－75　圆锥面螺纹加工程序

螺距为 1.5 mm，分四次走刀，其各次切削深度为（直径值）：d_1 = 0.8 mm、d_2 = 0.6 mm、d_3 = 0.4 mm、d_4 = 0.16 mm；坐标系、循环起点、对刀点、切入和切出距离如图 1－75 所示。

其程序单为：

O4237；（采用直径编程）

N10 G50 X100.0 Z100.0；

N20 M03 S1000；

N30 G00 50.0 Z3.0 M08；

N40 G92 X42.2 Z－52.0 I－7.5 F1.5；（d_1 = 0.8 mm 第一刀车螺纹）

N50 X41.6；（d_2 = 0.6 mm 第二刀车螺纹）

N60 X40.8；（d_3 = 0.4 mm 第三刀车螺纹）

N70 X40.64；（d_4 = 0.16 mm 第四刀车螺纹）

N80 G00 X100.0 Z100.0 M09；

N90 M05；

N100 M30。

9. 外圆、内圆粗车循环 G71

前面讲的子程序和单一循环加工指令，虽然能够简化编程，但是加工时空行程较多，不利于提高加工生产率。利用复合固定循环指令，只需要对零件的轮廓定义之后，即可完成从粗加工到精加工的全过程，不但使编程简化，并且加工时空行程少，加工生产率也可以提高。

（1）内、外圆粗车复合固定循环指令 G71。

内、外圆粗车复合固定循环指令，适用于内、外圆柱面需要多次走刀才能完成的轴套类零件的粗加工，毛坯为圆柱棒料，如图 1－76 所示。

编程格式：

G71 P（ns）Q（nf）U（Δu）W（Δw）D（Δd）F__ S__ T__ ；

Nns

…

Nnf

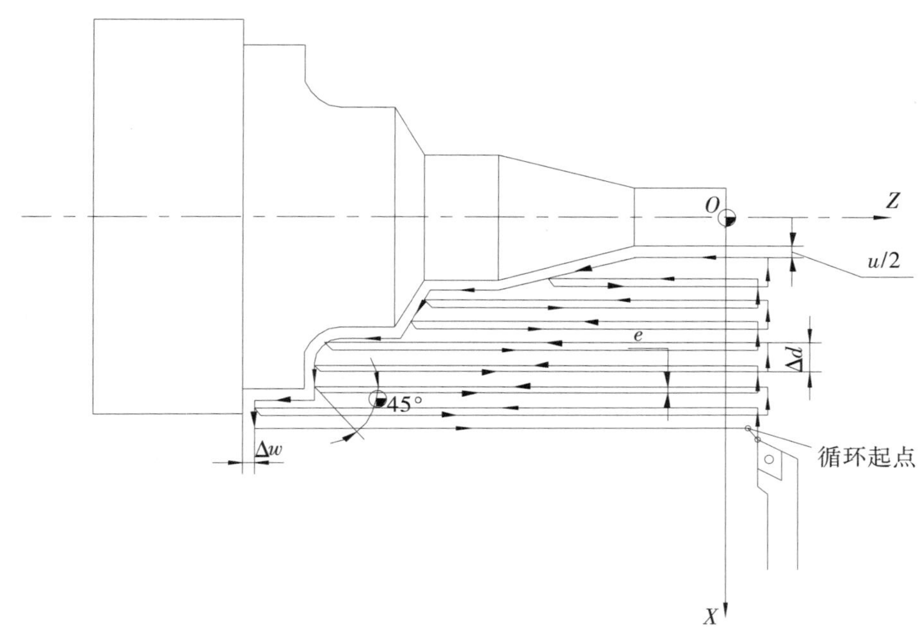

图1－76　内、外圆粗车复合固定循环

其中：*ns*——表示精加工程序段的开始程序段号；

nf——表示精加工程序段的结束程序段号；

Δ*u*——表示径向（*X* 轴方向）给精加工留的余量；

Δ*w*——表示轴向（*Z* 轴方向）给精加工留的余量；

Δ*d*——表示每次的吃刀深度（半径值）；

F——表示粗加工时的进给速度；

S——表示粗加工时的主轴转速；

T——表示粗加工时使用的刀具号。

说明：

（1）当上述指令用于工件内轮廓加工时，就自动成为内径粗车固定循环指令，此时Δ*u* 应为负值。

（2）在使用G71进行粗加工时，只有含在G71程序段中的F、S、T功能才有效，而包含在 *ns*～*nf* 程序段中的F、S、T功能即使被指定，对粗车循环也无效，可以进行刀具补偿。

（3）该指令适用于随 *Z* 坐标的单调增加或减小，*X* 坐标也单调变化的情况。

（4）图1－76中的 *e* 是回刀时的径向退刀量，该值由数控系统参数来设定。

编程实例：

在卧式数控车床上加工如图 1－77 所示的轴类零件。若 $\Delta u=0.5$ mm，$\Delta w=0.2$ mm，$\Delta d=3$ mm，坐标系、对刀点、循环起点如下所示。试利用内、外圆粗车复合固定循环指令 G71 编写其粗加工程序。

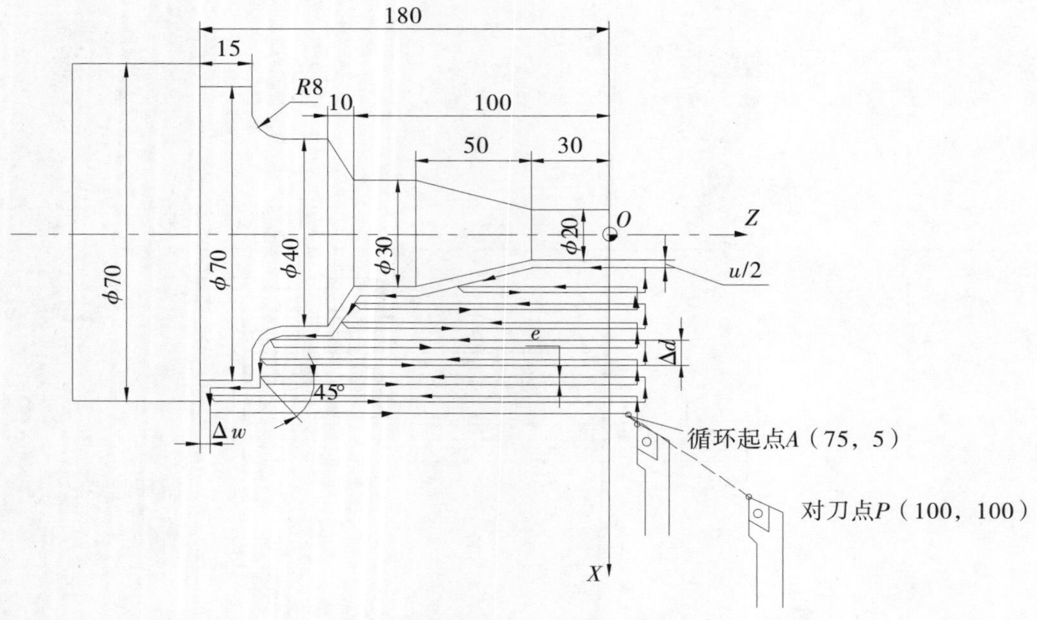

图 1－77　利用内、外圆粗车复合固定循环指令编写程序

其程序单为：

```
O9234；（采用直径编程）
N10  G50  X100. 0  Z100. 0；
N20  M03  S1000；
N30  G00  X75. 0  Z5. 0  M08；
N40  G71  P50  Q140  U0. 5  W0. 2  D3. 0  F300；
N50  G00  X20. 0  Z5. 0；
N60  G01  Z－30. 0  F200；
N70  X30. 0  W－50. 0；
N80  Z－100. 0；
N90  X40. 0  W－10. 0；
N100  Z－157. 0；
N110  G02  X56. 0  W－8. 0  R8. 0；
N120  G01  X70. 0；
N130  W－15. 0；
N140  X75. 0；
```

```
N150 G00 X100.0 Z100.0 M09;
N160 M05;
N170 M30。
```

10. 精加工循环 G70

编程格式：

G70　P（ns）Q（nf）

其中：*ns*——表示精加工程序段的开始程序段号；

　　nf——表示精加工程序段的结束程序段号。

说明：

（1）G70 指令不能单独使用，只能配合 G71、G72、G73 指令使用完成精加工固定循环，即当用 G71、G72、G73 指令粗车工件后，用 G70 来指定精车固定循环，切除粗加工留下的余量。

（2）在这里 G71、G72、G73 程序段中的 F、S、T 的指令都无效，只有在 *ns*～*nf* 程序段中的 F、S、T 才有效。当 *ns*～*nf* 程序段中不指令 F、S、T 时，粗车循环中的 F、S、T 才有效。

编程实例：

在卧式数控车床上加工如图 1－77 所示的轴类零件。若 $\Delta u=0.5$ mm，$\Delta w=0.2$ mm，$\Delta d=3$ mm，坐标系、对刀点、循环起点如图所示。试利用 G71、G70 指令编写其从粗加工到精加工的程序。

说明：在图 1－77 粗车固定复合循环的例子中，只需要在 N140 程序段后再加上一个 G70 P50 Q140 的程序段即可以完成从粗加工到精加工的全过程。

其程序单为：

```
O4434;（采用直径编程）
N10 G50 X100.0 Z100.0;
N20 M03 S1000;
N30 G00 X75.0 Z5.0 M08;
N40 G71 P50 Q140 U0.5 W0.2 D3.0 F300;
N50 G00 X20.0 Z5.0;
N60 G01 Z-30.0 F200;
N70 X30.0 W-50.0;
N80 Z-100.0;
N90 X40.0 W-10.0;
N100 Z-157.0;
N110 G02 X56.0 W-8.0 R8.0;
N120 G01 X70.0;
N130 W-15.0;
N140 X75.0;
```

N150 G70 P50 Q140；

N150 G00 X100.0 Z100.0 M09；

N160 M05；

N170 M30。

11. 端面粗车循环 G72

端面粗车复合固定循环指令，适用于径向尺寸较大而轴向尺寸较小的盘类零件的粗加工，毛坯为圆柱棒料，如图 1－78 所示。

编程格式：

G72 P（ns）Q（nf）U（Δu）W（Δw）D（Δd）F＿ S＿ T＿ ；

Nns

…

Nnf

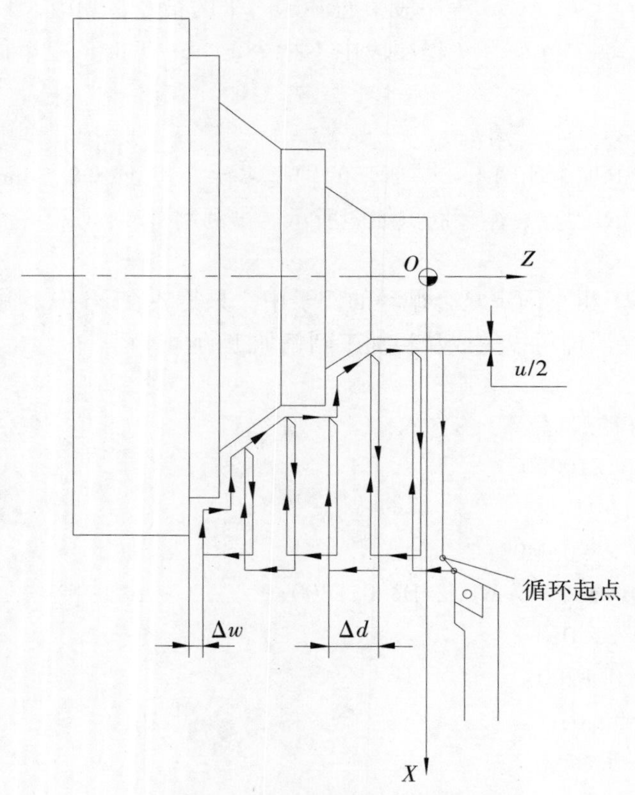

图 1－78 端面粗车复合固定循环指令

其中：*ns*——表示精加工程序段的开始程序段号；

nf——表示精加工程序段的结束程序段号；

Δ*u*——表示径向（*X* 轴方向）给精加工留的余量；

Δ*w*——表示轴向（*Z* 轴方向）给精加工留的余量；

Δd——表示每次的吃刀深度（半径值）；

F——表示粗加工时的进给速度；

S——表示粗加工时的主轴转速；

T——表示粗加工时使用的刀具号。

说明：

（1）在使用 G72 进行粗加工时，只有含在 G72 程序段中的 F、S、T 功能才有效，而包含在 $ns \sim nf$ 程序段中的 F、S、T 功能即使被指定，对粗车循环也无效。可以进行刀具补偿。

（2）该指令适用于随 Z 坐标的单调增加或减小，X 坐标也单调变化的情况。

编程实例：

在卧式数控车床上加工图 1－79 所示的盘类零件。若 $\Delta u = 0.5$ mm，$\Delta w = 0.2$ mm，$\Delta d = 3$ mm。坐标系、对刀点、循环起点如图 1－79 所示。试利用端面粗车复合固定循环指令 G72 编写其粗加工程序。

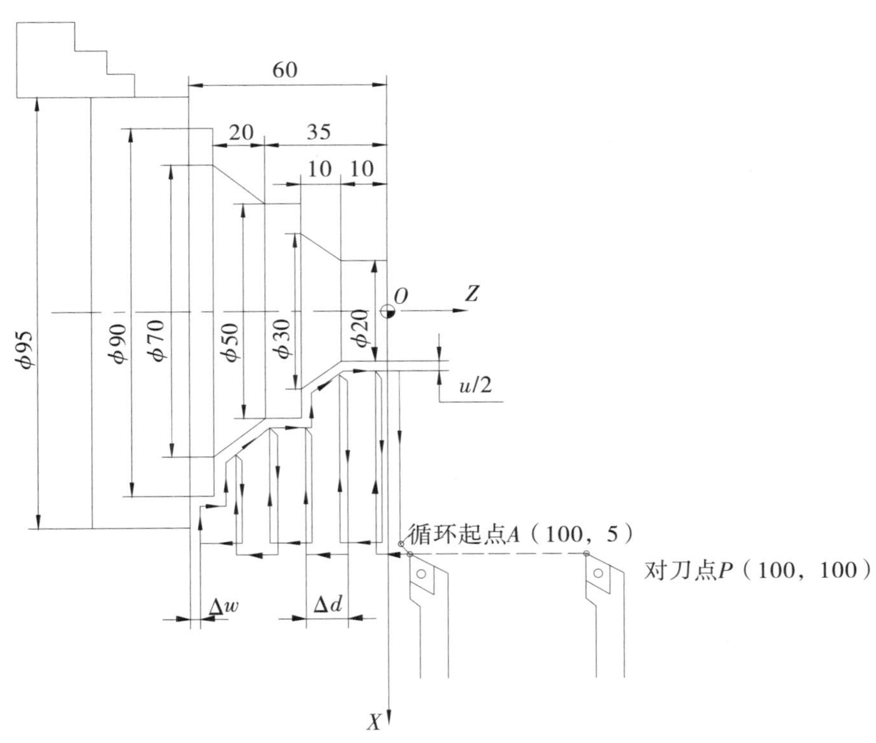

图 1－79　利用端面粗车复合固定循环指令编写程序

其程序单为：

O4534；（采用直径编程）

N10 G50 X100.0 Z100.0；

N20 M03 S1000；

N30 G00 X100.0 Z5.0 M08；

N40 G72 P50 Q120 U0.5 W0.2 D3.0 F300;
N50 G00 X100.0 Z－60.0;
N60 G01 Z－55.0 F200;
N70 X70.0;
N80 X50.0 Z－35.0;
N90 W15.0;
N100 X30;
N110 X20.0 W10.0;
N120 Z5.0;
N130 G00 X100.0 Z100.0 M09;
N140 M05;
N150 M30。

12. 封闭切削循环 G73

封闭（或固定形状）粗车复合固定循环指令 G73。封闭粗车复合固定循环指令，适用于铸件、锻件毛坯粗加工，如图 1－80 所示。

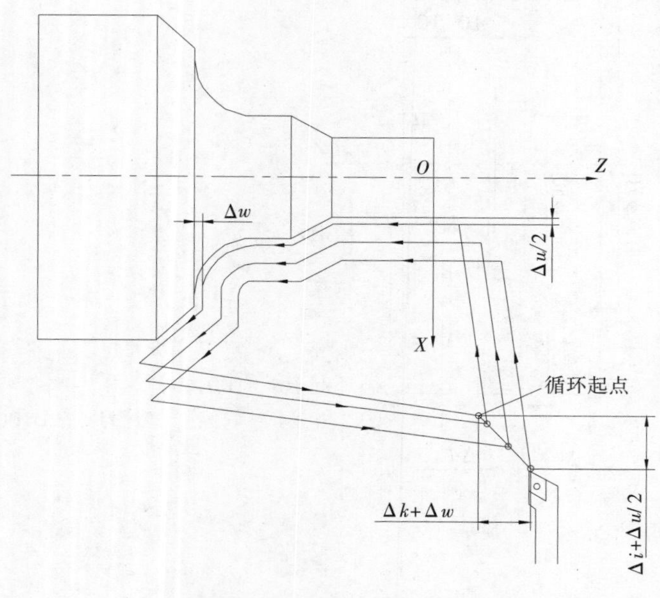

图 1－80 封闭切削循环

编程格式：

G73 P（ns）Q（nf）I（Δi）K（Δk）U（Δu）W（Δw）D（Δd）F__S__T__；
Nns
…
Nnf

其中：ns——表示精加工程序段的开始程序段号；

nf——表示精加工程序段的结束程序段号；

Δu——表示径向（X 轴方向）给精加工留的余量；

Δw——表示轴向（Z 轴方向）给精加工留的余量；

Δd——表示粗车循环次数；

Δi——粗车时，径向（X 轴方向）需要切除的总余量；

Δk——粗车时，轴向（Z 轴方向）需要切除的总余量；

F——表示粗加工时的进给速度；

S——表示粗加工时的主轴转速；

T——表示粗加工时使用的刀具号。

说明：所谓封闭（或固定形状）粗车复合固定循环就是按照一定的切削形状逐渐地接近最终形状。所以，它适用于毛坯轮廓形状与零件轮廓形状基本形似的粗车加工。因此，这种加工方式对于铸造或锻造毛坯的粗车是一种效率很高的方法。

编程实例：

在卧式数控车床上加工如图 1-81 所示的轴类零件。若 $\Delta u = 0.5$ mm，$\Delta w = 0.5$ mm，$\Delta d = 3$ 次，$\Delta I = 15$ mm，$\Delta k = 15$ mm。坐标系、对刀点、循环起点如图 1-81 所示。试利用封闭（或固定形状）粗车复合固定循环 G73 编写其粗加工程序。

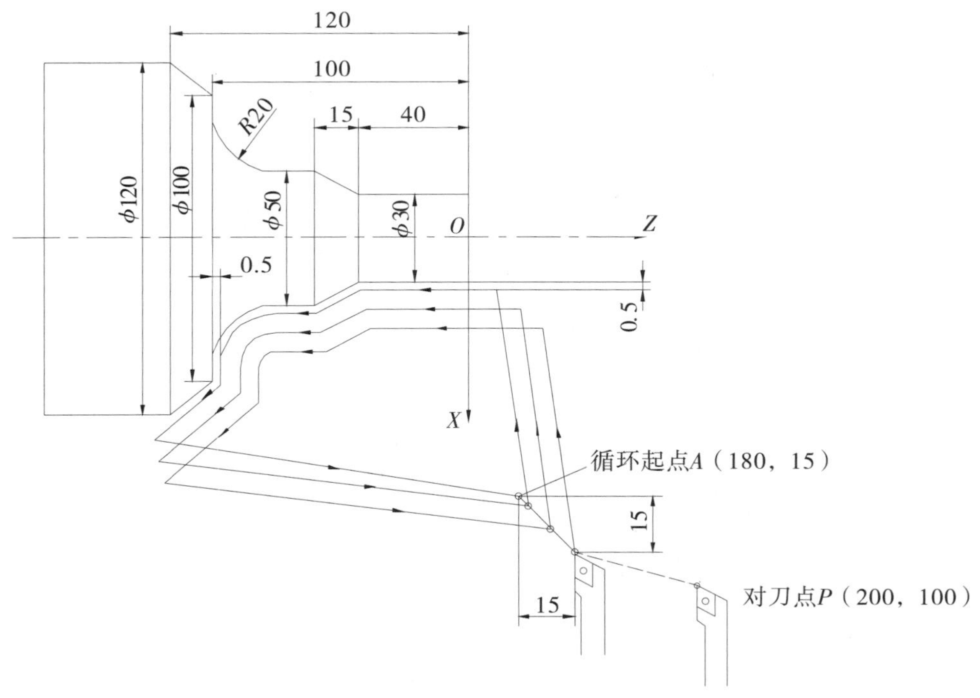

图 1-81　利用封闭（或固定形状）粗车复合固定循环编写程序

其程序单为：

O4534；（采用直径编程）

N10 G50 X200.0 Z100.0；

N20 M03 S1000；

N30 G00 X180.0 Z15.0 M08；

N40 G73 P50 Q110 I14.5 K14.5 U0.5 W0.2 D3.0 F300；

N50 G00 X30.0 Z3.0；

N60 G01 Z－40.0 F200；

N70 X50.0 W－15；

N80 Z－70.0；

N90 G02 X80.0W－30.0 R30.0；

N100 X100.0；

N110 X120.0 Z－120.0；

N120 G00 X100.0 Z100.0 M09；

N130 M05；

N140 M30。

13．复合螺纹切削循环 G76

使用复合固定循环车螺纹加工指令 G76，只需要一个程序段就可以完成整个螺纹的加工。其进刀方式如图 1－82 所示。

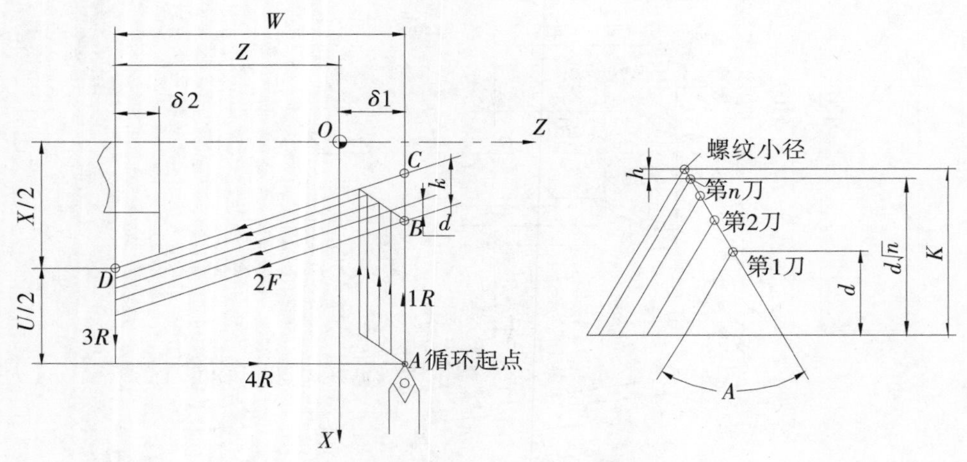

图 1－82 复合固定循环车螺纹加工指令

编程格式：

G76 X（U）__ Z（W）__ I__ K__ D__ F__ A__ 。

其中：*X*、*Z*——表示车螺纹段牙底的终点绝对坐标值；

U、*W*——表示切削段牙底的终点相对于循环起点的增量坐标值；

I——表示切削螺纹段的起点相对终点的 *X* 方向上的半径之差（通常为负值），*I* =0 时为圆柱螺纹，即：直径编程：*I* = （*X* 起点 - *X* 终点）/2，半径编程：*I* = *X* 起点 - *X* 终点；

K——螺纹的牙型高度（*X* 轴方向上的半径值）；

D——第一次的切削深度（半径值）；

F——表示螺纹的导程（单头为螺距）；

A——刀尖角（螺纹牙型角），有 80°、60°、55°、30°、29°、0°等六种，最常用的牙型角为 60°的普通公制螺纹。

编程实例：

利用 G76 指令加工如图 1 - 83 所示的 M42 ×4 的圆柱面螺纹，试编写其加工程序。

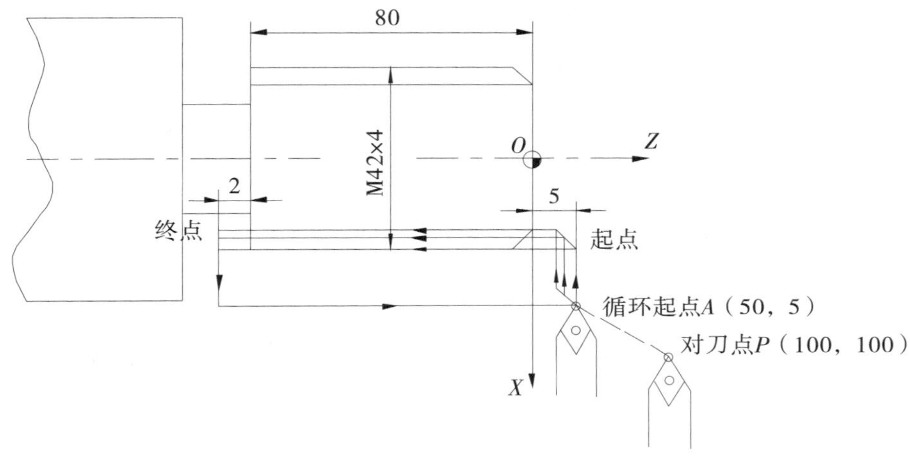

图 1 - 83　编写圆柱面螺纹加工程序

M42 ×4 的螺纹其为螺距为 4 mm，牙型高度为 2. 598 mm，所以牙底圆直径为 42 - 2 ×2. 598 =36. 804 mm，分四次走刀，其各次切削深度为（直径值）：d_1 = 1. 5 mm、d_2 =0. 8 mm、d_3 =0. 6 mm、d_4 =0. 6 mm、d_5 =0. 4 mm、d_6 =0. 4 mm、d_7 =0. 4 mm、d_8 = 0. 3 mm、d_9 =0. 2 mm；该加工程序需要 9 次走刀，用 G32 和 G92 指令编写程序都比较麻烦，而使用 G76 指令就非常简单。

其程序单为：

```
O4534；（采用直径编程）
N10 G50 X100. 0 Z100. 0；
N20 M03 S1000；
N30 G00 50. 0 Z5. 0 M08；
N40 G76 X36. 804 Z - 82. 0 K2. 598 D1. 5 F1. 5 A60；（车螺纹）
N50 G00 X100. 0 Z100. 0 M09；
N60 M05；
N70 M30。
```

三、相关知识

（一）常用的准备功能指令表

表 1－10　GSK 系统常用准备功能一览表

G 指令	组别	功能	程序格式及说明
▲G00	01	快速点定位	G00 X（U）＿Z（W）＿
G01		直线插补	G01 X（U）＿Z（W）＿F＿
G02		顺时针方向圆弧插补	G02 X（U）＿Z（W）＿R＿F＿
G03		逆时针方向圆弧插补	G02 X（U）＿Z（W）＿I＿K＿F＿
G04	00	延迟（暂停）	G04 X＿或 G04 U＿或 G04 P＿
G20	06	英制输入	G20
G21		米制输入	G21
G27	00	返回参考点检查	G27 X＿Z＿
G28		返回参考点	G28 X＿Z＿
G30		返回第 2、3、4 参考点	G30 P3 X＿Z＿ 或 G30 P4 X＿Z＿
G32	01	螺纹切削	G32 X＿Z＿F＿（F 为导程）
G34		变螺距螺纹切削	G34 X＿Z＿F＿K＿
▲G40	07	刀尖半径补偿取消	G40 G00 X（U）＿Z（W）＿
G41		刀尖半径左补偿	G41 G01 X（U）＿Z（W）＿F＿
G42		刀尖半径右补偿	G42 G01 X（U）＿Z（W）＿F＿
G50	00	坐标系设定、主轴最高转速设定	G50 X＿Z＿或 G50 S＿
G52		局部坐标系设定	G52 X＿Z＿
G53		选择机床坐标系	G53 X＿Z＿
▲G54	14	选择工件坐标系 1	G54
G55		选择工件坐标系 2	G55
G56		选择工件坐标系 3	G56
G57		选择工件坐标系 4	G57
G58		选择工件坐标系 5	G58
G59		选择工件坐标系 6	G59

（续上表）

G 指令	组别	功能	程序格式及说明
G65	00	宏程序调用	G65 P __L __ <自变量指定>
G66	12	宏程序模态调用	G66 P __L __ <自变量指定>
▲G67		宏程序模态调用取消	G67
G70	00	精加工循环	G70 P __Q __
G71		复合外圆、内圆粗车循环	G71 U __R __ G71 P __Q __U __W __F __
G72		端面粗车循环	G72 W __R __ G72 P __Q __U __W __F __
G73		封闭切削循环	G73 U __W __R __ G73 P __Q __U __W __F __
G74		端面、深孔切削循环	G74 R __ G74 X（U）__Z（W）__P __Q __R __F __
G75	00	内、外圆切槽循环	G75 R __ G75 X（U）__Z（W）__P __Q __R __F __
G76		螺纹复合切削循环	G76 P __Q __R __ G76 X（U）__Z（W）__R __P __Q __F __
G90	01	内、外圆柱面、圆锥面切削循环	G90 X（U）__Z（W）__F __ G90 X（U）__Z（W）__R __F __
G92		螺纹切削循环	G92 X（U）__Z（W）__F __ G92 X（U）__Z（W）__R __F __
G94		端面切削循环	G94 X（U）__Z（W）__F __ G94 X（U）__Z（W）__R __F __
G96	02	恒线速度控制	G96 S __
▲G97		取消恒线速度控制	G97 S __
G98	05	每分钟进给量设定	G98 F __
▲G99		每转进给量设定	G99 F __

说明：

（1）打▲的为开机默认指令。

（2）00 组 G 代码都是非模态指令。

（3）不同组的 G 代码能够在同一程序段中指定。如果同一程序段中指定了同组 G 代码，则最后指定的 G 代码有效。

（4）G 代码按组号显示，对于表中没有列出的功能指令，请参阅有关厂家的编程说明书。

（二）常用指令格式汇总

1. 单一固定循环指令

（1）内、外圆车削循环指令（G90）。

N__ G90 X（U）__ Z（W）__ R__ F__。

（2）螺纹切削循环指令（G92）。

N__ G92 X（U）__ Z（W）__ R__ F__；（公制螺纹）

N__ G92 X（U）__ Z（W）__ R__ I__。（英制螺纹）

（3）端面切削循环指令（G94）。

N__ G94 X（U）__ Z（W）__ R__ F__。

2. 复合循环指令

（1）外圆、内圆粗车循环指令（G71）。

N__ G71 U__ R__；

N__ G71 P__ Q__ U__ W__ F__ S__ T__。

（2）端面粗车循环指令（G72）。

N__ G72 W__ R__；

N__ G72 P__ Q__ U__ W__ F__ S__ T__。

（3）封闭（轮廓）粗车循环指令（G73）。

N__ G73 U__ W__ R__；

N__ G73 P__ Q__ U__ W__ F__ S__ T__。

（4）精加工循环指令（G70）。

N__ G70 P__ Q__。

（5）端面、深孔切削循环指令（G74）。

N__ G74 R__；

N__ G74 X__ Z__ P__ Q__ R__ F__。

（6）内、外圆切槽粗车循环指令（G75）。

N__ G75 R__；

N__ G75 X__ Z__ P__ Q__ R__ F__。

（7）螺纹复合切削循环指令（G76）。

N__ G76 P__ Q__ R__；

N__ G76 X__ Z__ P__ Q__ R__ F__。

练习与思考

试完成下图加工程序的编写。

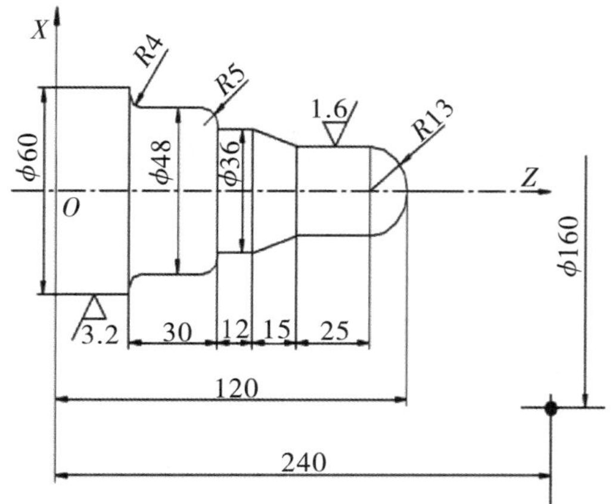

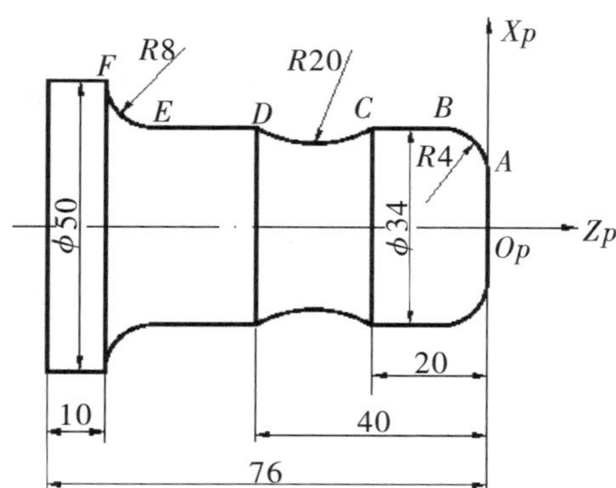

模块 2

数控车床及车铣复合车削中心加工

任务 1 内外圆加工实例

学习目标

(1) 能够正确选用加工刀具。

(2) 能够正确使用量具进行测量。

(3) 能够用数控车床加工内外圆。

(4) 能够编写内外圆的加工程序。

学习内容

一、内孔加工

(一) 任务描述

使用 GSK980TDb 数控车床加工如图 2-1 所示零件内孔，工件材料为 45 钢，毛坯 $\phi35$ mm×30 mm。

全部：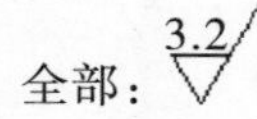

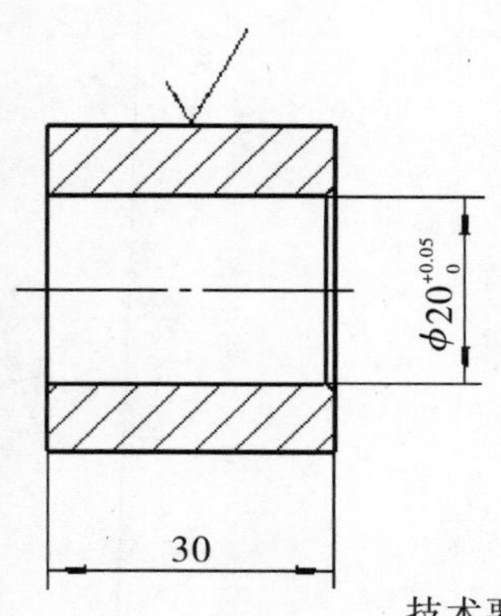

技术要求：

1. 未注倒角 $C1$
2. 不允许使用锉刀、砂布加工

图 2-1 内孔加工

（二）任务实施

1. 工艺分析

图 2－1 工件的加工工艺如表 2－1 所示。

表 2－1　内孔加工工艺卡

工步内容	刀具	切削用量		
		主轴转速（r/min）	进给速度（mm/r）	背吃刀量（mm）
钻孔	ϕ18 mm 钻头	400		
粗车内孔 ϕ20 mm	内孔车刀	400	0.12	0.8
精车内孔 ϕ20 mm	内孔车刀	600	0.1	0.3

2. 编写程序

工件的加工程序如表 2－2 所示。

表 2－2　内孔加工参考程序

加工程序	说明
O0001	程序号
G99 M3 S400 G00 X100 Z100	
T0202	内孔车刀
G00 X18 Z1	快速定位至循环起点
G71 U0.8 R0.2 F0.12	使用 G71 粗加工内孔，注意 $U-0.3$ 为内孔预留精车余量
G71 P1 Q2 U－0.3 W0	
N1 G0 X22	内孔精加工轨迹程序
G01 Z0	
X20 Z－1	
Z－31	
N2 X18	
T0202 M3 S600	启动主轴，2 号刀
G00 X18 Z1	定位，准备精车
G70 P1 Q2 F0.1	G70 精车内孔
G00 X100 Z100	退刀
M30	程序结束

3. 加工操作

(1) 加工准备。

①量具清单如表 2-3 所示。

表 2-3 量具清单

序号	量具	规格（mm）	数量
1	直钢尺	300	1
2	游标卡尺	0～150	1
3	内测千分尺	5～30	1

②开机回零，建立机床坐标系。

③在编辑方式下录入加工程序 O0001，检查程序是否录入正确。

④空运行程序并进行图形模拟，确保走刀路线正确。

⑤三爪卡盘装夹工件，校正、夹紧。

⑥安装刀具，在 2 号刀位安装好内孔车刀。

⑦用钻头钻孔。

⑧试切对刀。

(2) 工件加工。

①在自动方式下运行加工程序。

②测量工件，修正工件尺寸。

4. 检测评分

将工件完成情况的检测记录与评价得分填入表 2-4 中。

表 2-4 内孔加工检测评价

序号	项目	技术要求	配分	评分标准	检测记录	得分
1	工件加工	$\phi20^{+0.05}_{0}$ mm	30	超差 0.01 mm 扣 2 分		
2		倒角 $C1$	10	超差不得分		
3		$Ra3.2$ μm	10	每错一处扣 2 分		
4	程序与加工工艺	程序格式规范	10	每错一处扣 2 分		
5		切削用量设定合理	10	不合理一处扣 3 分		
6		换刀点设定合理	5	不合理一处扣 3 分		
7	机床操作	机床参数设定合理	5	不合理一处扣 3 分		
8		机床操作不出错	5	每错一处扣 3 分		
9	文明生产	安全操作	5	不合格全扣		
10		机床维护与保养	5			
11		工作场所整理	5			
总分						

5. 任务反馈

任务完成后对加工完车刀零件进行检测，并与图纸要求进行比较，分析误差产生的原因以及制定修正措施，将修正措施填入表2-5中。

表2-5 内孔加工任务反馈表

误差项目	产生原因	修正措施
□ $\phi20^{+0.05}_{0}$	□ 测量不正确 □ 车刀安装不正确 □ 产生积屑瘤 □ 工件的热胀冷缩	
□ 直线度 □ 同轴度	□ 装夹时产生变形 □ 切削用量选择不当 □ 刀具磨损 □ 刀柄刚性差，产生让刀现象 □ 刀柄与孔壁相碰	
□ 表面粗糙度	□ 车刀磨损 □ 车刀几何角度不合理 □ 切削用量选择不合理 □ 车刀伸出过长，产生振动	

二、内圆锥及内圆弧面加工

（一）任务描述

使用GSK980TDb数控车床加工如图2-2所示零件，工件材料为45钢，毛坯$\phi35$ mm×32 mm。

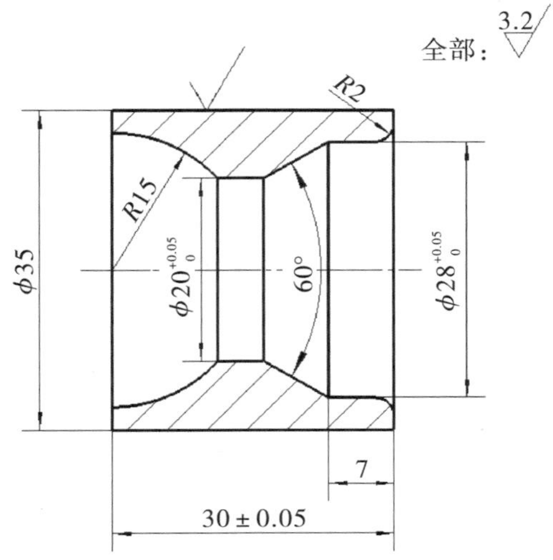

图2-2 内圆锥及内圆弧面加工

（二）任务实施

1. 工艺分析

工件的加工工艺如表 2-6 所示。

表 2-6　内圆锥及内圆弧面工件加工工艺卡

工步内容	刀具	切削用量		
		主轴转速（r/min）	进给速度（mm/r）	背吃刀量（mm）
钻孔	ϕ18 mm 钻头	400		
粗车内孔 ϕ20 mm、ϕ28 mm、内锥等	2 号内孔车刀	400	0.12	0.8
精车内孔 ϕ20 mm、ϕ28 mm、内锥等		600	0.1	0.3
调头装夹工件，加工左面内轮廓				
粗车 R15 内圆弧面	2 号内孔车刀	400	0.12	0.8
精车 R15 内圆弧面		600	0.1	0.3

2. 编写程序

内圆锥及内圆弧面工件的加工程序如表 2-7 所示。

表 2-7　内圆锥及内圆弧面加工参考程序

加工程序	说明
O0002	程序号
G99 M3 S400 G00 X100 Z100	
T0202	内孔车刀
G00 X18 Z1	快速定位至循环起点
G71 U0.8 R0.2 F0.12	使用 G71 粗加工内孔，注意 U-0.3 为内孔预留精车余量
G71 P1 Q2 U-0.3 W0	
N1 G0 X23	内轮廓精加工轨迹程序，使用刀具半径左补偿
G41 G01 Z0	
G02 X28 Z-2 R2	
G01 Z-7	
X20 Z-13.93	
Z-20	
N2 G40 X18	
G00 X100 Z100	返回安全点

（续上表）

加工程序	说明
T0202 M3 S600	启动主轴，2号刀
G00 X18 Z1	定位，准备精车
G70 P1 Q2 F0.1	G70精车
G00 X100 Z100	退刀
M30	程序结束
调头装夹，控制总长30±0.05 mm	
O0003	
G99 M3 S400 G00 X100 Z100	
T0202	内孔车刀，2号车刀
G00 X18 Z1	快速定位至循环起点
G71 U0.8 R0.2 F0.12	使用G71粗加工内孔，注意 $U-0.3$ 为内孔预留精车余量
G71 P1 Q2 U-0.3 W0	
N1 G00 X30	内孔精加工轨迹程序，使用刀具半径左补偿
G41 G01 Z0	
G03 X20 Z-11.18 R15	
N2 G40 G01 X18	
G00 X100 Z100	返回安全点
T0202 M3 S600	启动主轴，2号车刀
G00 X18 Z1	定位，准备精车
G70 P1 Q2 F0.1	G70精车
G00 X100 Z100	退刀
M30	程序结束

3. 加工操作

（1）加工准备。

①量具清单如表2-8所示。

表2-8 量具清单

序号	量具	规格（mm）	数量
1	直钢尺	300	1
2	游标卡尺	0~150	1
3	内测千分尺	5~30	1
4	半径规	*R*15~*R*30	1

②开机回零，建立机床坐标系。

③在编辑方式下录入加工程序 O0002 和 O003，检查程序是否录入正确。

④空运行程序并进行图形模拟，确保走刀路线正确。

⑤三爪卡盘装夹工件，校正、夹紧。

⑥安装刀具，在 2 号刀位安装好内孔车刀。

⑦用钻头钻孔。

⑧试切对刀，设定好刀尖圆弧半径值及刀位点方向值。

（2）工件加工。

①在自动方式下运行加工程序。

②测量工件，修正工件尺寸。

4. 检测评分

将工件完成情况的检测记录与评价得分填入表 2－9 中。

表 2－9　内圆锥及内圆弧面加工检测评价

序号	项目	技术要求	配分	评分标准	检测记录	得分
1	工件加工	$\phi 20^{+0.05}_{0}$ mm	10	超差 0.01 扣 2 分		
2		$\phi 28^{+0.05}_{0}$ mm	10	超差 0.01 扣 2 分		
3		$R2$	4	每错一处扣 2 分		
4		$R15$	6	超差不得分		
5		内锥面	5	超差不得分		
6		30 ±0.05 mm	10	超差 0.01 扣 2 分		
7		7	5	超差不得分		
8		粗糙度	5	每降一级扣 2 分		
9	程序与加工工艺	程序格式规范	10	每错一处扣 2 分		
10		切削用量设定合理	5	不合理一处扣 3 分		
11		换刀点设定合理	5	不合理一处扣 3 分		
12	机床操作	机床参数设定合理	5	不合理一处扣 3 分		
13		机床操作不出错	5	每错一处扣 3 分		
14	文明生产	安全操作	5	不合格全扣		
15		机床维护与保养	5			
16		工作场所整理	5			
总分						

5．任务反馈

任务完成后对加工完车刀零件进行检测，并与图纸要求进行比较，分析误差产生的原因以及制定修正措施，将修正措施填入表2－10中。

表2－10　内圆锥及内圆弧面加工任务反馈表

误差项目	产生原因	修正措施
□ $\phi20^{+0.05}_{0}$ mm □ $\phi28^{+0.05}_{0}$ mm □ 30±0.05 mm □ $R2$、$R15$ □ 其他尺寸误差	□ 测量不正确 □ 车刀安装不正确 □ 产生积屑瘤 □ 工件的热胀冷缩 □ 工件没有校正好 □ 程序不合理	
□ 平行度 □ 同轴度	□ 装夹时产生变形 □ 切削用量选择不当 □ 刀具磨损 □ 刀柄刚性差，产生让刀现象 □ 刀柄与孔壁相碰	
□ 表面粗糙度	□ 车刀磨损 □ 车刀几何角度不合理 □ 切削用量选择不合理，产生积屑瘤 □ 车刀伸出过长，产生振动 □ 刀杆细长，产生振动	

三、配合件加工

（一）任务描述

使用GSK980TDb数控车床加工如图2－3所示零件，工件材料为45钢，毛坯$\phi50$ mm×102 mm，$\phi50$ mm×55 mm。

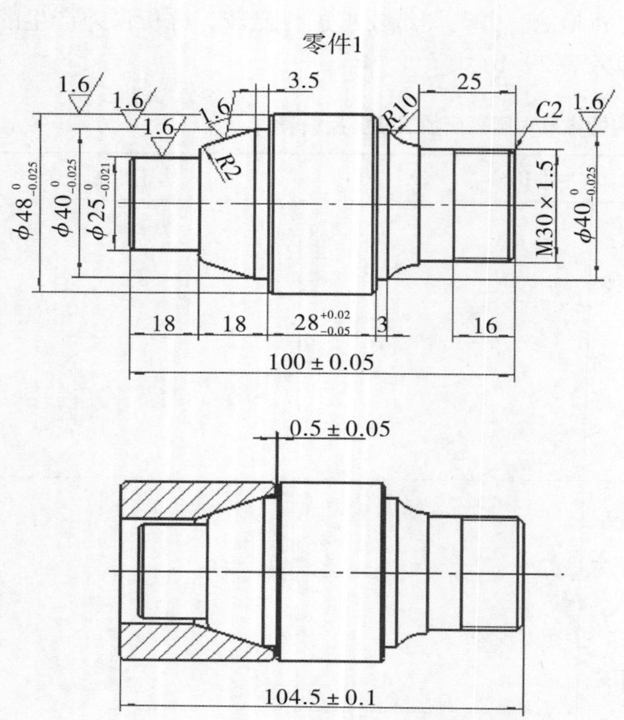

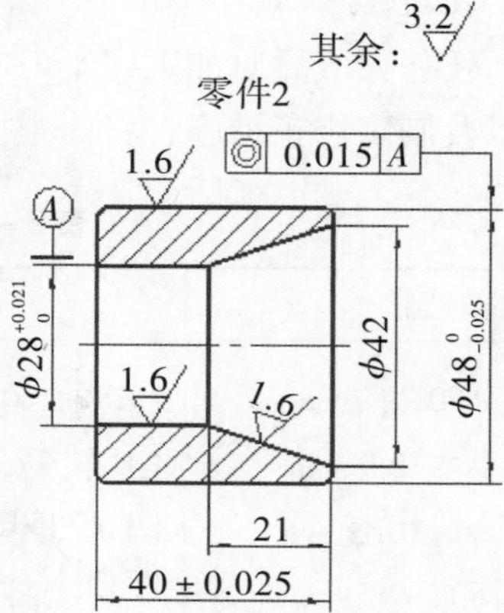

技术要求：
1. 棱边倒钝
2. 未注倒角C1
3. 未注尺寸公差接IT12

技术要求:
圆锥配合接触面积要达75%

图2－3　配合件加工

（二）任务实施

1．工艺分析

配合件的加工工艺如表2－11所示。

表2－11　配合件加工工艺卡

工步内容	刀具	切削用量		
		主轴转速（r/min）	进给速度（mm/r）	背吃刀量（mm）
零件1				
粗加工工件右端 φ48 mm、φ40 mm 外圆、R10 圆弧、螺纹大径	1 号外圆车刀	600	0.15	1
精加工工件右端 φ48 mm、φ40 mm 外圆、R10 圆弧、螺纹大径、倒角		1 500	0.1	0.4
加工 M30×1.5 螺纹	3 号螺纹车刀	600		

（续上表）

工步内容	刀具	切削用量		
		主轴转速（r/min）	进给速度（mm/r）	背吃刀量（mm）
调头装夹 ϕ48 mm 外圆，校正、夹紧				
手动车削端面，控制总长	1 号外圆车刀	1500	0.1	
粗加工件左端 ϕ40 mm、锥面、ϕ25 mm、倒角等外形		600	0.15	1
精加工件左端 ϕ40 mm、锥面、ϕ25 mm、倒角等外形		1500	0.1	0.4
零件 2				
钻孔	ϕ22 钻头	400		
粗加工工件左端 ϕ28 mm 内孔	4 号内孔车刀	500	0.12	0.8
精加工工件左端 ϕ28 mm 内孔		800	0.1	0.3
粗加工 ϕ48 mm 外圆	1 号外圆车刀	600	0.15	1
精加工 ϕ48 mm 外圆		1500	0.1	0.4
调头装夹 ϕ48 mm 外圆，校正、夹紧				
手动车削端面，控制总长	1 号外圆车刀	1500	0.1	
粗加工内锥面	4 号内孔车刀	400	0.12	0.8
精加工内锥面（车配）		800	0.1	0.3

2. 编写程序

配合件的加工程序如表 2-12 所示。

表 2-12　配合件加工参考程序

加工程序	说明
零件 1	
O0004	程序号
G99 M3 S600 G00 X100 Z100	
T0101	外圆车刀
G00 X50 Z1	快速定位至循环起点
G71 U1 R0.2 F0.15	使用 G71 粗加工外形
G71 P1 Q2 U0.4 W0	

（续上表）

加工程序	说明
N1 G0 X26	精加工轨迹
G42 G01 Z0	
G01 X29.8 Z-2	
Z-25	
X32	
G02 X40 Z-33 R4	
G01 Z-36	
X46	
X48 Z-37	
Z-65	
N2 G40 X50	
M03 S1500 T0101	主轴正转，1 号车刀
G00 X50 Z1	定位，准备精车
G70 P1 Q2 F0.1	G70 精车
G00 X100 Z100 M05	返回安全点，停主轴
M00	暂停，检测尺寸
M03 S600 T0303	主轴正转，3 号 60°螺纹车刀
G00 X35 Z5	定位，准备车螺纹
G76 P020060 Q30 R0.03	G76 车削螺纹
G76 X28.05 Z-16 P975 Q250 F1.5	
G00 X100 Z100	返回安全点
M30	程序结束
调头装夹，车削端面，保证总长 100±0.05 mm	
O0005	程序号
G99 M3 S600 G00 X100 Z100	
T0101	外圆车刀
G00 X50 Z1	定位
G71 U1 R0.2 F0.15	使用 G71 粗加工外形
G71 P1 Q2 U0.4 W0	
N1 G00 X23	
G42 G01 Z0	

（续上表）

加工程序	说明
X25 Z－1	精加工轨迹
Z－18	
X27.45	
G03 X31.25 Z－19.37 R2	
G01 X40 Z－32.5	
Z－36	
X46	
X48 Z－37	
N2 G40 X50	
M03 S1500 T0101	调整主轴转速
G00 X50 Z1	定位、准备精加工
G70 P1 Q2 F0.1	精加工
G00 X100 Z100	返回安全点
M30	程序结束
零件 2	
O0006	程序号
G99 M3 S500 G00 X100 Z100	
T0404	内孔车刀
G00 X22 Z1	定位
G71 U0.8 R0.2 F0.12	内孔粗加工
G71 P1 Q2 U－0.3 W0	
N1 G00 X29	内孔加工轨迹
G01 Z0	
X28 Z－0.5	
Z－20	
N2 X22	
M3 S800 T0404	调整主轴转速
G00 X22 Z1	定位
G70 P1 Q2 F0.1	内孔精加工
G00 X100 Z100 M5	返回安全点、停主轴
M00	程序暂停

（续上表）

加工程序	说明
M3 S600 T0101	启动主轴，使用外圆车刀
G00 X50 Z1	定位
G71 U1 R0. 2 F0. 15	G71 粗加工外形
G71 P3 Q4 U0. 4 W0	
N3 G00 X46	外形轮廓
G01 Z0	
X48 Z－1	
Z－41	
N2 X50	
M3 S1500 T0101	调整主轴转速
G00 X50 Z1	定位
G70 P3 Q4 F0. 1	精加工外形
G00 X100 Z100	返回安全点
M30	程序结束
调头装夹，控制总长 40 ±0. 025 mm	
O0007	程序号
G99 M3 S500 G00 X100 Z100	
T0404	内孔车刀
G00 X22 Z1	定位
G71 U0. 8 R0. 2 F0. 12	粗加工内轮廓
G71 P1 Q2 U－0. 3 W0	
N1 G00 X42	内轮廓轨迹
G41 G01 Z0	
X28 Z－21	
N2 G40 X22	
M3 S800 T0404	调整主轴转速
G00 X22 Z2	定位
G70 P1 Q2 F0. 1	精加工内轮廓
G00 X100 Z100	返回安全点
M30	程序结束

3. 加工操作

（1）加工准备。

①量具清单如表2－13所示。

表2－13 量具清单

序号	量具	规格（mm）	数量
1	直钢尺	300	1
2	游标卡尺	0～150	1
3	内测千分尺	5～30	1
4	外径千分尺	25～50	1
5	半径规	*R*2、*R*10	各1
6	螺纹环规	M30×1.5～6 g	1

②开机回零，建立机床坐标系。

③在编辑方式下分别录入加工程序O0004、O005、O006、O0007，检查程序是否录入正确。

④空运行程序并进行图形模拟，确保走刀路线正确。

⑤三爪卡盘装夹工件，校正、夹紧。

⑥安装刀具，1号刀位安装外圆车刀，3号刀位安装螺纹车刀，4号刀位安装内孔车刀。

⑦试切对刀，设定好刀尖圆弧半径值及刀位点方向值。

（2）工件加工。

①在自动方式下运行加工程序。

②测量工件，修正工件尺寸。

4. 检测评分

将工件完成情况的检测记录与评价得分填入表2－14中。

表 2－14　配合件加工检测评价

序号	项目	技术要求	配分	评分标准	检测记录	得分
1	零件 1	$\phi 25_{-0.021}^{0}$ mm	4	超差 0.01 扣 2 分		
2		$\phi 40_{-0.025}^{0}$ mm	4	超差 0.01 扣 2 分		
3		$\phi 48_{-0.025}^{0}$ mm	4	超差 0.01 扣 2 分		
4		$\phi 40_{-0.025}^{0}$ mm	4	超差 0.01 扣 2 分		
5		M30 × 1.5	6	超差不得分		
6		$R2$	2	超差不得分		
7		$R10$	2	超差不得分		
8		100 ± 0.05 mm	3	超差 0.01 扣 2 分		
9		$28_{-0.05}^{+0.02}$ mm	4	超差 0.01 扣 2 分		
10		锥面	2	超差不得分		
11		倒角	2	超差不得分		
12		粗糙度	4	每降一级不得分		
13	零件 2	$\phi 48_{-0.025}^{0}$ mm	4	超差 0.01 扣 2 分		
14		$\phi 28_{0}^{+0.021}$ mm	4	超差 0.01 扣 2 分		
15		40 ± 0.025 mm	4	超差 0.01 扣 2 分		
16		同轴度	4	超差 0.01 扣 2 分		
17		粗糙度	4	超差不得分		
18		内锥面	2	超差不得分		
19	配合	0.5 ± 0.05 mm	6	超差 0.01 扣 2 分		
20		104.5 ± 0.05 mm	6	超差 0.01 扣 2 分		
21	程序与加工工艺	程序格式规范	4	每错一处扣 2 分		
22		切削用量设定合理	3	不合理一处扣 2 分		
23		换刀点设定合理	3	不合理一处扣 2 分		
24	机床操作	机床参数设定合理	3	不合理一处扣 2 分		
25		机床操作不出错	3	每错一处扣 2 分		
26	文明生产	安全操作	3	不合格全扣		
27		机床维护与保养	3			
28		工作场所整理	3			
总分						

5. 任务反馈

任务完成后对零件进行检测，分析误差产生的原因以及制定修正措施，将修正措施填入表2－15中。

表2－15 配合件加工任务反馈表

误差项目	产生原因	修正措施
□ $\phi48_{-0.025}^{0}$ mm □ $\phi28_{0}^{+0.021}$ mm □ $\phi40_{-0.025}^{0}$ mm □ $\phi25_{-0.021}^{0}$ mm □ $R2$、$R10$ □ M30×1.5 □ 40±0.025 mm □ 100±0.05 mm □ 0.5±0.05 mm □ 104.5±0.05 mm □ $28_{-0.05}^{+0.02}$ mm □ 其他尺寸误差	□ 测量不正确 □ 车刀安装不正确 □ 产生积屑瘤 □ 工件的热胀冷缩 □ 刀具刚性差 □ 刀具半径补偿设置不正确 □ 螺纹乱牙 □ 工件没有校正好 □ 程序不合理	
□ 平行度 □ 同轴度	□ 装夹时产生变形 □ 切削用量选择不当 □ 刀具磨损 □ 刀柄刚性差，产生让刀现象 □ 工件校正不正确	
□ 表面粗糙度	□ 车刀磨损 □ 车刀几何角度不合理 □ 切削用量选择不合理，产生积屑瘤 □ 车刀伸出过长，产生振动 □ 刀杆细长，产生振动	

四、相关知识

（一）内孔加工基础知识

1. 在数控车床上内孔的加工方法

（1）麻花钻钻孔。

要在实心材料上加工出孔，必须先用钻头钻出一个孔，常用的钻头是麻花钻。麻花钻由切削部分、工作部分、颈部和钻柄等组成，如图 2－4 所示。钻柄有直柄和锥柄两种，12 mm 以下的麻花钻一般用直柄，12 mm 以上的用锥柄。通常在用麻花钻钻孔前，先用中心钻钻出一个小孔，用于开始钻孔时，麻花钻的定位和引正钻削方向。钻孔的价格精度较低（IT12～IT13）、表面粗糙度值大（*Ra*12.5），一般只能作为粗加工，钻孔后，可通过扩孔、铰孔、镗孔等方法来提高孔的加工精度和减小表面粗糙度值。

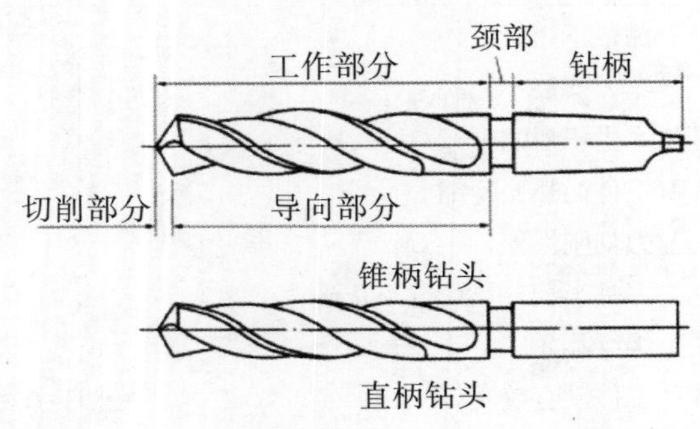

图 2－4　麻花钻的组成

（2）硬质合金可转位刀片钻头钻孔。

数控车床通常也使用硬质合金可转位刀片钻孔。用硬质合金可转位刀片钻头钻孔时不需要钻中心孔，可转位刀片的钻孔速度通常要比高速钢麻花钻的钻孔速度快得多，这种刀片钻头需要较高的功率和高压冷却系统，适用于钻孔直径范围为 16～80 mm 的孔。如果孔的尺寸精度要求较高，则需要增加镗孔或铰孔等，使孔的尺寸达到要求的精度。

（3）扩孔。

扩孔是使用扩孔钻对已钻孔或已铸、锻出的孔进行加工、扩孔时背吃刀量为 0.85～4.5 mm，切屑体积小，排屑较为方便，扩孔能修正孔轴线的歪斜，扩孔钻无端部横刃，切削时轴向力小，因而可以采用较大的进给量和切削速度。扩孔的加工质量和生产效率比钻孔高，切削速度可以提高 2～3 倍。扩孔常常用作铰孔等精加工的准备工序，也可作为要求不高的孔的最终加工。

（4）铰孔。

铰孔是孔的精加工方法之一。铰孔的加工余量小（粗铰为 0.15～0.35 mm，精铰为 0.05～0.15 mm），切削速度低（精铰 2～5 mm/r），进给量一般为 0.2～1.2 mm/r，为钻孔进给的 3～4 倍。铰孔精度可达 IT6～IT8，表面粗糙度值为 *Ra*1.6～0.4 μm。铰孔直径一般不大于 80 mm，铰孔不能纠正孔的位置误差，孔与其他表面之间的位置精度，必须由铰孔前的加工工序来保证。

（5）镗孔。

在车床上对工件的孔进行切削的方法叫镗孔，又叫车孔。镗孔一般用于将已有孔扩大到指定的直径，可用于加工精度、直线度及表面精度均要求较高的孔。镗孔是常用的孔加工方法之一，可用作粗加工，也可用作精加工。加工精度范围为 IT6～IT10（一般可达

IT7 ~ IT8），表面粗糙度值 Ra 为 12.5 ~ 0.2 μm（一般可达 Ra1.6 ~ 3.2 μm）。镗孔可以较正原有孔轴线歪斜或位置偏差。

镗孔时，单刃镗刀的刀头截面尺寸要小于被加工的孔径，而刀杆的长度要大于孔深，因为刀具刚性差。为保证镗孔的质量，镗孔时多采用较小的切削用量，以减少切削力的影响。

2. 车内孔的关键技术

车内孔的关键技术有两个，即内孔车刀的刚性和内孔车削过程中的排屑问题。

（1）内孔车刀的刚性。

如果刀具刚性差，切削时在径向力的作用下，容易产生变形和振动，影响镗孔的质量。为了增加车刀刚性，防止振动产生，要尽量选择粗的刀杆，装夹时刀杆伸出长度尽可能短，只要略大于孔深即可。刀尖要对准工件中心，刀杆与轴心线平行。精车内孔时，应保持刀刃锋利，否则容易产生让刀，使内孔出现锥度。

（2）内孔车削过程中的排屑。

排屑好坏直接影响孔的质量。内孔加工过程中，主要通过控制切屑流出方向来解决排屑问题。精车孔时要求切屑流向待加工表面前排屑，采用正刃倾角内孔车刀切削达到前排屑的目的。加工盲孔时，应采用负的刃倾角，使切屑从孔口排出。

3. 内孔加工刀具

数控车床多用于车削盘套类和小型支架类零件的内孔。车孔分为车通孔和车不通孔（盲孔）两种。如图 2 - 5 所示，车通孔基本上与车外圆相同，只是进刀和退刀方向相反。车内孔时也进行试切和试测量，其方法与车外圆相同。

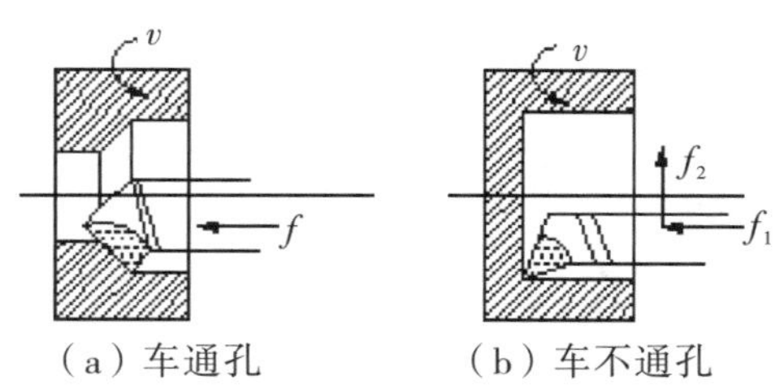

（a）车通孔　（b）车不通孔

图 2 - 5　内孔加工

根据不同的加工情况，内孔车刀可分为通孔车刀和盲孔车刀两种。

（1）通孔车刀。

为了减小径向切削力，防止振动，通孔车刀的主偏角一般取 60° ~ 75°，副偏角取 15° ~ 30°。为了防止内孔车刀后刀面和孔壁摩擦使后角磨得太大，一般磨成两个后角。如图 2 - 6（a）所示为 75°通孔车刀。

（2）盲孔车刀。

盲孔车刀是用来车盲孔或台阶孔的，其主偏角大于 90°，通常为 90° ~ 93°。刀尖在刀杆的最前端，刀尖与刀杆外端的距离应小于内孔半径，否则孔的底平面就无法车平。在加工车内孔台阶时，不碰即可。如图 2 - 64（b）所示为 93°盲孔车刀。

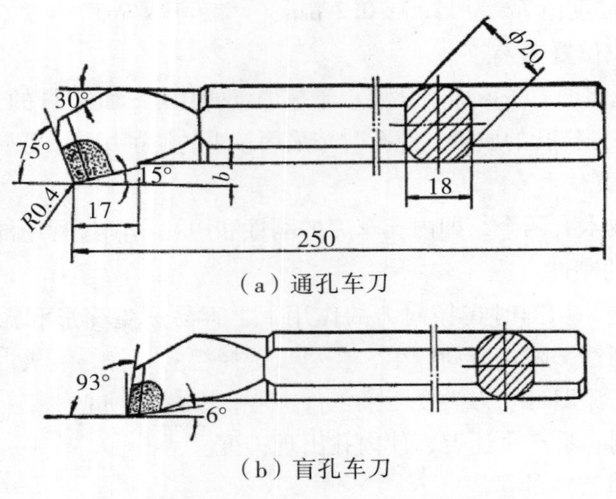

（a）通孔车刀

（b）盲孔车刀

图2-6　内孔车刀

4. 内孔车刀的安装

内孔车刀安装的正确与否，直接影响切削情况及孔的精度，所以内孔车刀在安装时应注意以下几个问题：

（1）刀尖应与工件中心等高或稍高。如果装得低于中心，由于切削抗力的作用，容易将刀杆压低而产生扎刀现象，并造成孔径扩大。

（2）刀杆伸出刀架不宜过长，一般比被加工孔长 5～6 mm。

（3）刀杆基本平行于工件轴线，否则在切削到一定深度时刀杆后半部容易碰到工件孔口。

（4）盲孔车刀装夹时，内孔刀的主刀刃应与孔底平面成3°～5°的角度，并且在车平面时要求横向有足够的退刀余地。

5. 内孔的测量

（1）游标卡尺。

测量孔径时，应将游标卡尺的两量爪开到略小于孔径尺寸，将固定量爪的测量面贴靠着内孔表面，然后轻轻移动副尺，使活动量爪的测量面也紧靠工件，并使测量面对边线垂直于被测表面，如图2-7所示。

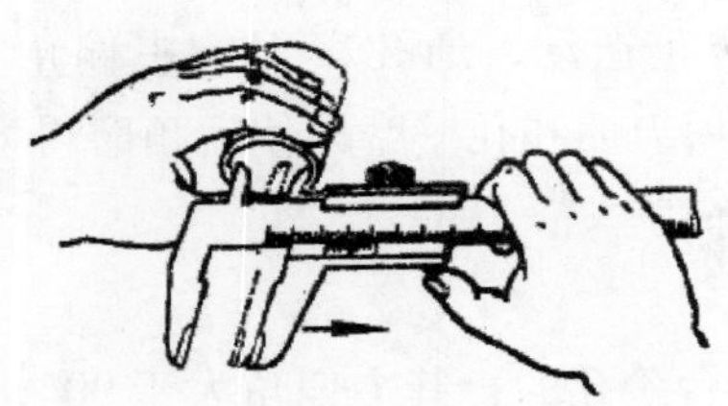

图2-7　游标卡尺测量内孔

（2）内测千分尺。

内测千分尺的外观结构如图 2－8 所示，这种千分尺刻度线方向和外径千分尺相反，当微分筒顺时针旋转时，活动测量爪向右移动，量值增大。

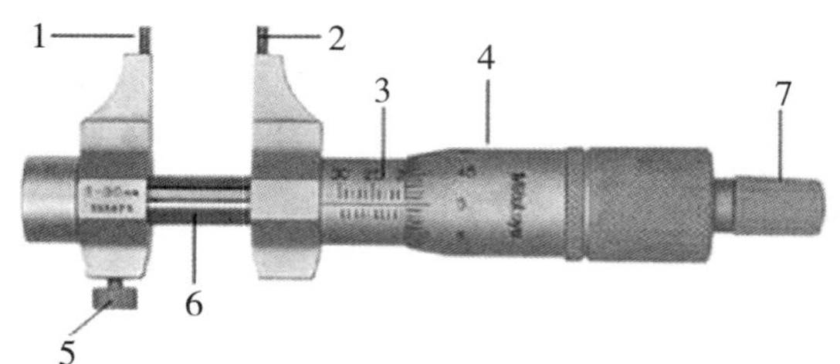

1. 固定测量爪；2. 活动测量爪；
3. 固定套筒； 4. 微分筒；
5. 锁紧螺钉； 6. 测微螺杆；
7. 测力装置

图 2－8　内测千分尺

（3）内径百分表。

内径百分表是将百分表装夹在测架上构成，测量前先根据被测工件孔径的大小更换相应的测量头，用千分尺校正“零”位，内径百分表及其测量方法如图 2－9 所示，摆动百分表，取最小值为孔径的实际尺寸。

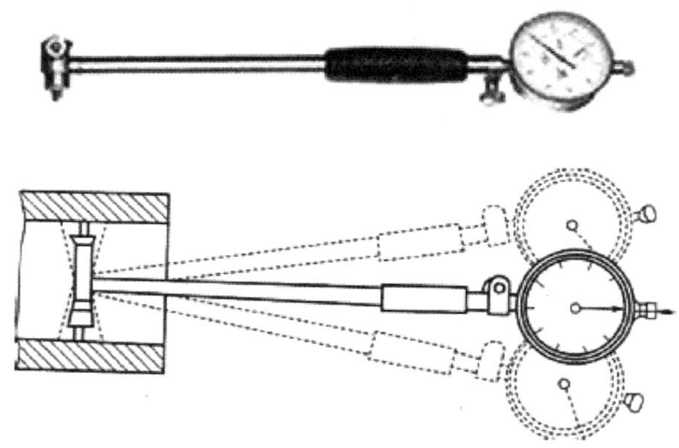

图 2－9　内径百分表测量内孔

（4）塞规。

如图 2－10 所示，塞规由通端（T）和止端（Z）组成，通端按孔的最小极限尺寸制成，测量时应塞入孔内，止端按孔的最大极限尺寸制成，测量时不允许插入孔内。当通端能塞入孔内，而止端插不进去时，说明该孔尺寸合格。

图 2－10　光滑塞规

6. 数控车削内孔编程

数控车削内孔的指令虽然与外圆车削指令基本相同，但也有区别，编程时应注意以下事项：

（1）粗车循环指令 G71、G73，在加工外径时余量 *U* 为正，但在加工内孔时余量 *U* 应为负。

（2）使用 G70、G71 循环指令编程时，注意 *X* 轴方向定位点坐标，可选择钻头直径作为定位值。

（二）曲面加工基础知识

1. 基点、节点的概念

（1）基点。

一个零件的轮廓往往是由许多不同的几何元素组成，如直线、圆弧、二次曲线等。构成零件轮廓的不同几何素线的交点或切点称为基点。图 2－11 中的 *A*、*B*、*C*、*D*、*E* 都是该零件的基点。相邻基点之间只能是一个几何元素。

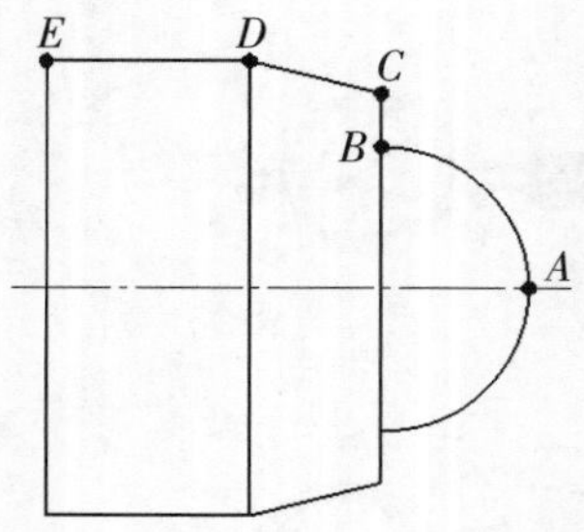

图 2－11　零件中的基点

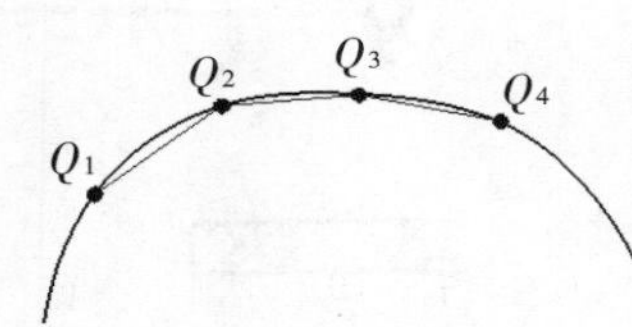

图 2－12　零件中的节点

（2）节点。

采用不具备非圆曲线插补功能的数控车床加工非圆曲线零件时，常常采用直线或圆弧去近似代替非圆曲线，成为拟合处理。拟合线段的交点或切点就成了节点。图 2－12中的 Q_1、Q_2、Q_3、Q_4 点位直线拟合非圆曲线时的节点。

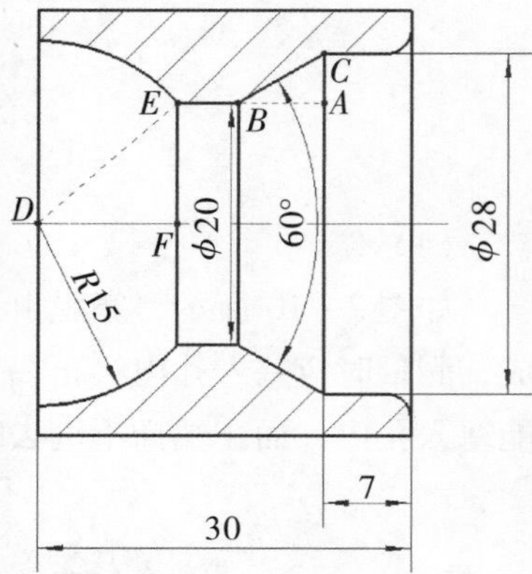

图 2－13　内圆锥及内圆弧面相关基点计算

2. 基点数值计算

零件上基点的计算常用数学计算法和计算机绘图求点法。

（1）数学计算法。

数学计算法可通过列方程求解、三角函数计算、三角几何计算法等求出相关节点的坐标值。

例：如图 2－13 所示内圆锥及内圆弧面零件中，试计算内锥面的长度 *AB* 以及 *R*15 圆

弧面的长度 DF。

解：作如图辅助线，使△ABC 和△DEF 均为直角三角形。

在△ABC 中，$\angle ABC=30°$，$AC=(28-20)/2=4$

则　$AB=AC/\tan30°=6.93$

在△DEF 中，$DE=15$，$EF=10$

则　$DE^2=DF^2+EF^2$

可求得 $DF=11.18$。

（2）计算机绘图求点法。

计算机绘图求点法就是利用绘图软件（如 Auto CAD、CAXA 等）绘制出零件图，并标注出相应的尺寸。

3. *刀具半径补偿功能*

（1）刀具半径补偿概念。

车刀的刀尖是一个半径较小的圆弧，切削时实际起作用的切削刃就是圆弧上的各切点，在实际生产中，由于刀具产生磨损和精加工的需要，就会引起加工表面的形状误差。为确保工件轮廓形状，在加工时不允许刀具刀尖圆弧的圆心运动轨迹与被加工工件轮廓重合，而应与工件轮廓偏置一个半径值，这种偏置又称为刀尖圆弧半径补偿。

加工内外圆柱面、端面时无误差，实际切削刃的轨迹与工件轮廓一致。当加工锥面、圆弧面时，工件轮廓与实际轮廓存有误差。

（2）刀尖圆弧半径补偿指令。

①指令格式：

G41　G00/G01　X（U）__　Z（W）__；（刀尖圆弧半径左补偿）

G42　G00/G01　X（U）__　Z（W）__；（刀尖圆弧半径右补偿）

G40　G00/G01　X（U）__　Z（W）__。（取消刀尖圆弧半径补偿）

②指令说明：刀尖圆弧半径补偿方向的判别如图 2－14 所示。

G41：刀尖圆弧半径左补偿指令，顺着刀具的移动方向看，当刀具在加工轮廓的左侧时的刀具补偿，如图 2－14 所示。

G42：刀尖圆弧半径右补偿指令，顺着刀具的移动方向看，当刀具在加工轮廓的右侧时的刀具补偿，如图 2－14 所示。

G40：刀尖圆弧半径补偿取消指令，用该指令后，使 G41、G42 无效。

在判别刀尖圆弧半径补偿方向时，一定要沿 Y 轴的正向负观察刀具所处的位置，故应特别注意如图 2－14（a）所示后刀架和图 2－14（b）所示前刀架对刀尖圆弧补偿方向的区别。

③刀尖圆弧半径补偿刀位点的确定。

数控车床采用刀尖圆弧半径补偿进行加工时，刀具的刀尖形状和切削时所处的位置不同，那么刀具的补偿量与补偿方向也不同，可分为 9 种方位，如图 2－15 所示。常用车刀的刀尖方位号如图 2－16 所示。

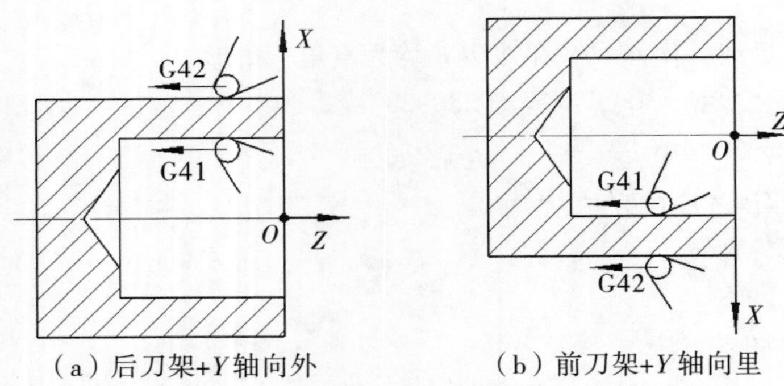

图2－14　刀尖圆弧半径补偿方向的判别

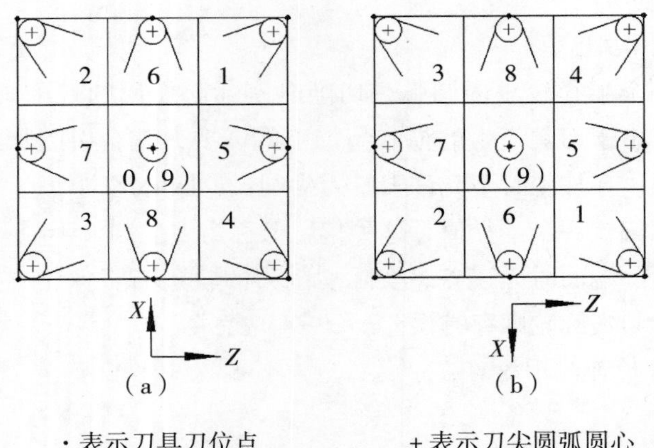

图2－15　车刀刀尖方位图

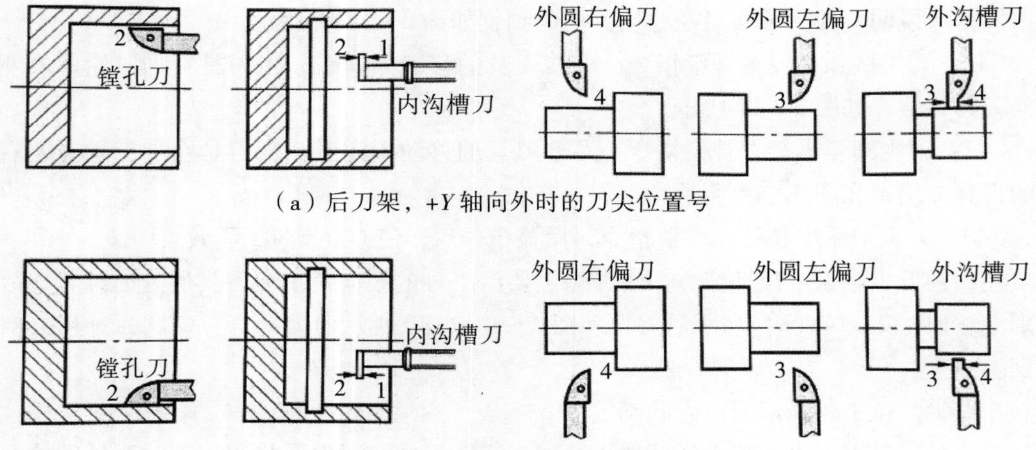

图2－16　常用车刀的刀尖方位号

（三）圆锥配合知识

圆锥配合是各类机器广泛采用的典型结构，其配合要素为内、外圆锥表面。圆锥面配合可传递很大的扭矩（锥角 <30°时）且结合同轴度高，有精确的定心作用。但是由于圆锥是由直径、长度、锥度（或锥角）构成的多尺寸要素，所以影响因素较多。

1. 圆锥配合基本参数

（1）圆锥角（α）。

在通过圆锥轴线的截面内，两条素线间的夹角称为圆锥角。

（2）圆锥直径（D，d）。

圆锥在垂直于轴线截面上的直径，D 表示圆锥最大端直径，d 表示圆锥最小端直径。

（3）圆锥长度（L）。

圆锥最大端直径与最小端直径之间的轴向距离。

（4）锥度（C）。

两个垂直于圆锥轴线截面的圆锥直径差与该两截面间的轴向距离之比。

$$C=(D-d)/L$$

锥度 C 与圆锥角 α 的关系为：

$$C=2\tan(\alpha/2)$$

（5）基面距（a）。

基面距是指外圆锥基面（轴肩或端面）与内圆锥基面（端面）之间的距离，如图 2－17 所示。

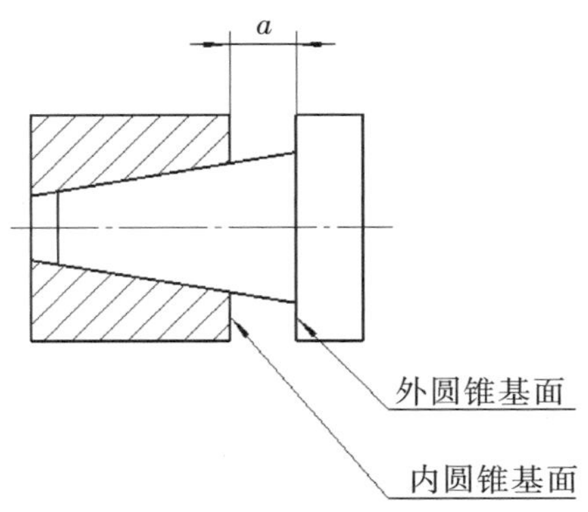

图 2－17　圆锥的基面距

2. 锥度配合间隙（基面距）的控制

为保证内、外圆锥配合的间隙符合图纸要求，在车削加工时，可先将外圆锥按图纸要求加工好，在车削内圆锥时进行车配加工。

车削如图 2－18 所示圆锥配合零件，保证配合间隙为 5 ±0.05 mm。

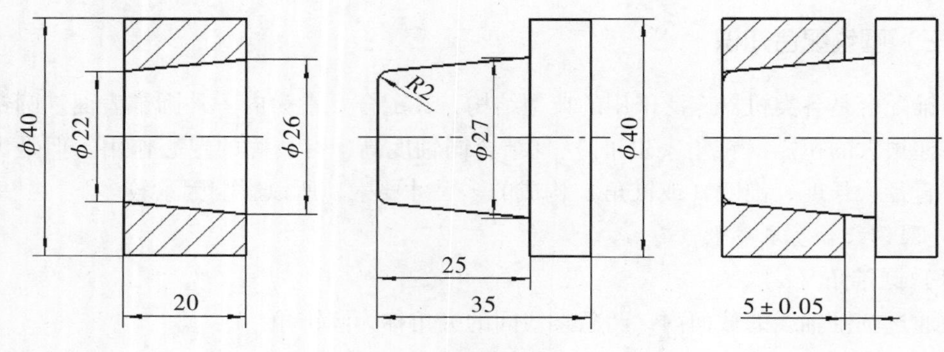

图2－18 圆锥配合

先将外圆锥件做好，然后留余量车削内圆锥，并用外圆锥进行试配，测量出配合间隙，如间隙为6.5 mm，图纸要求是5 ±0.05 mm，则：

配合间隙长了6.5－5＝1.5 mm

内圆锥锥度 $C = (D-d)/L = (26-22)/20 = 0.2$

$1.5 \times 0.2 = 0.3$

内孔车刀刀具补偿值 X 轴方向输入U0.3，最后再次精车内圆锥即可。

3. 刀尖圆弧半径补偿注意事项

（1）G41/G42指令不带参数，其补偿号由T指令指定，该刀尖圆弧半径补偿号与刀具偏置补偿号对应。

（2）刀尖圆弧半径补偿的建立和取消只能使用G00或G01指令，不能用其他指令。

（3）取消刀尖圆弧半径补偿需在G41或G42程序段后，加G40程序段。

（4）在调用新刀具或更改刀具补偿方位时，应先取消刀具补偿，避免产生误差。

练习与思考

加工如下图所示的零件，试完成如下任务。

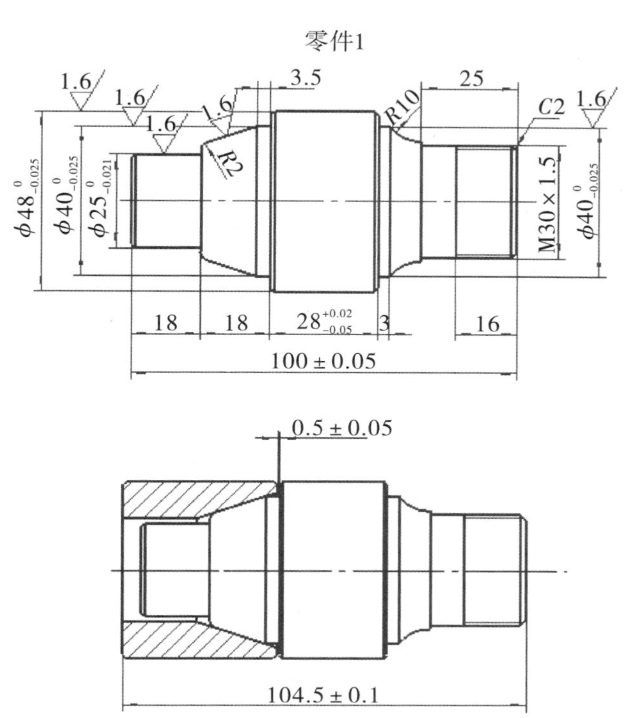

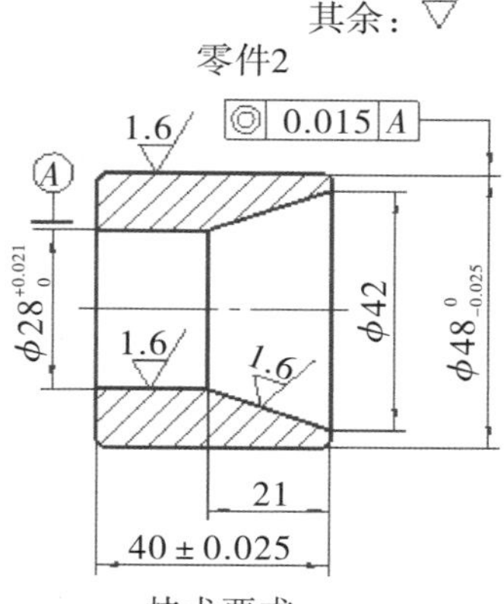

技术要求：
1. 棱边倒钝
2. 未注倒角C1
3. 未注尺寸公差接IT12

技术要求:
圆锥配合接触面积要达75%

1. 根据零件图样要求，制定加工工序，填写以下加工工序卡。

单位名称	广州市轻工高级技工学校	数控加工工序卡片					零件名称/图号				材料牌号	材料硬度
												—
工序名称	工序号	加工车间			设备名称		设备型号				夹具名称	
—	—											
工步号	工步内容	刀具类型	刀具规格 mm	程序名	量具或工具	切削速度 m/min	主轴转速 r/min	进给量 mm/r	切削速度 mm/min	切削深度 mm	进给次数	备注
1												
2												
3												
4												
5												
6												
7												
8												
编制：		审核：			批准：			共 页			第 页	

2．根据制定的加工工序，依据所选用的毛坯材料、切削用量、刀具及装夹方式，以小组的方式完成手工编程，并填写程序单表。

零件名称/图号		组别	
数控系统		绝对/相对/混合	
程序内容		说明	

任务 2 自动编程加工（CAXA）

学习目标

（1）能够运用绘图功能进行零件轮廓图形绘制。

（2）能够按照工艺要求出刀路及后置处理。

学习内容

CAXA 数控车是在全新的数控加工平台上开发的数控车床加工编程和二维图形设计软件。CAXA 数控车具有 CAD 软件的强大绘图功能和完善的外部数据接口，可以绘制任意复杂的图形，可通过 DXF、IGES 等数据接口与其他系统交换数据。CAXA 数控车具有轨迹生成及通用后置处理功能。该软件提供了功能强大、使用简洁的轨迹生成手段，可按加工要求生成各种复杂图形的加工轨迹。通用的后置处理模块使 CAXA 数控车可以满足各种机床的代码格式，可输出 G 代码，并对生成的代码进行校验及加工仿真。

一、零件轮廓图形绘制

（一）任务描述

如图 2－19 所示零件，该零件轮廓由外、内圆，外圆锥，外圆槽，圆弧，外螺纹组成，试利用 CAXA 数控车软件绘制其零件图。

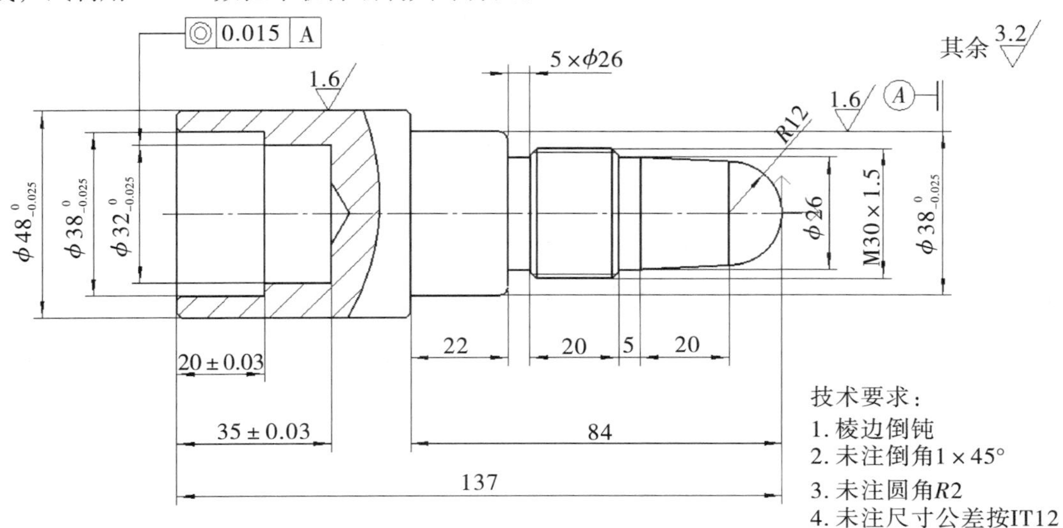

图 2－19　零件轮廓

（二）任务实施

按如下步骤绘制零件图。

（1）画圆。单击“绘制工具”工具栏中的“圆”按钮，单击立即菜单“1:”，从中选择“两点”项，在状态栏按提示输入第一点（0，0）和第二点（－24，0）后，一个完整的圆被绘制出来，如图2－20 所示。

（2）画圆锥。单击“绘制工具Ⅱ”工具栏中的“孔/轴”按钮，单击第（1）步已绘制的圆的圆心，这时在立即菜单处出现一个新的立即菜单，如图 2－21（a）所示。

单击立即菜单中的“2：起始直径”，输入新值“24”，再单击“3：终止直径”，输入新值“26”，然后键盘输入轴的长度 20，按回车确认，如图 2－21（b）所示。

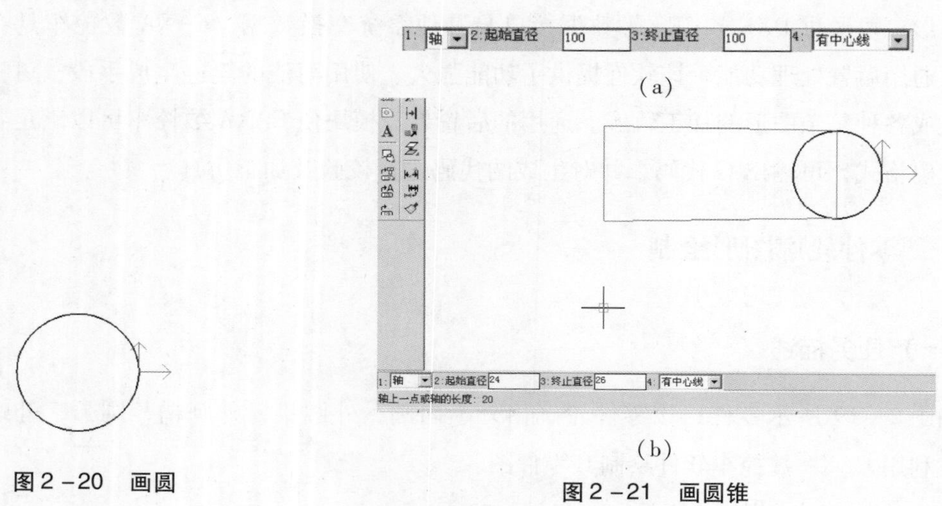

图 2－20　画圆

图 2－21　画圆锥

绘制其他外圆和内孔。“孔/轴”命令可以连续地重复操作，所以在第（2）步绘制完圆锥后，可以在立即菜单中的“2：起始直径”“3：终止直径”，重新输入新值绘制其他外圆和内孔，如图 2－22 所示。

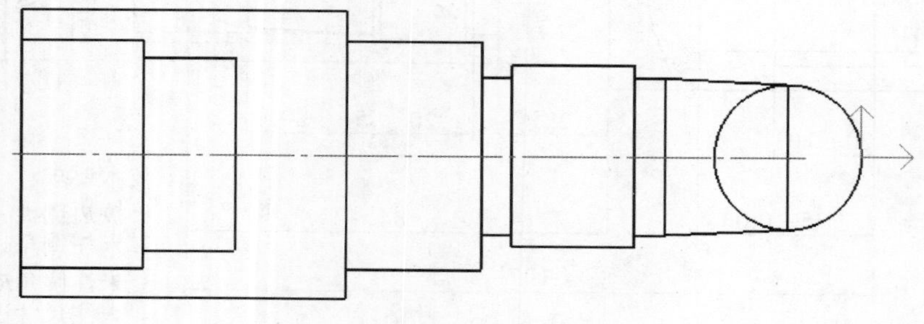

图 2－22　绘制外圆和内孔

（3）画倒角。在“编辑”工具栏单击“过渡”按钮。用鼠标单击立即菜单“1:”，在弹出的立即菜单项中选择“倒角”。“2:”中选择裁剪的方式，然后输入长度“1”和角度“45”，如下图依次拾取 L_1 和 L_2、L_2 和 L_3、L_4 和 L_5、L_5 和 L_6、L_7 和 L_6 倒角选择裁剪始边，并连接倒角斜线端点，如图 2－23 所示。

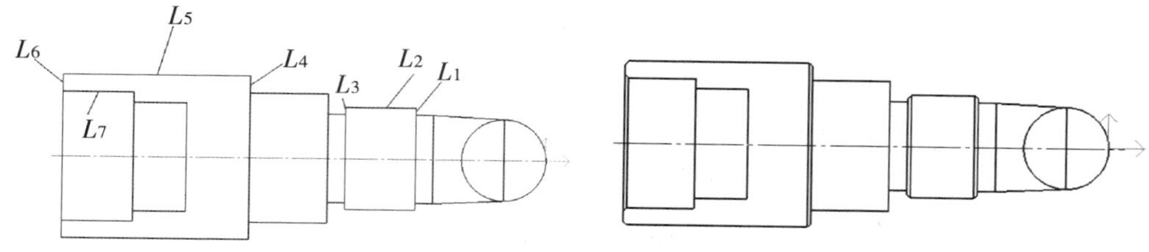

图 2－23 倒角

（4）画倒圆角。在“编辑”工具栏单击“过渡”按钮。用鼠标单击立即菜单“1:”，在弹出的立即菜单中选择“圆角”。“2:”中选择裁剪的方式，然后输入半径“3”。用鼠标拾取需要倒圆角的相交的两条线。

（5）画修剪。单击并选择“修改”下拉菜单中的“裁剪”命令或在“编辑”工具栏单击“裁剪”按钮。用鼠标直接拾取需裁剪的曲线 L_1，如图 2－24 所示。

（6）画平行线。单击“绘制工具”工具栏中“平行线”按钮。单击立即菜单“1:”，选择“偏移”“2: 单向”方式，用鼠标拾取一条已知线段。拾取后，该提示改为“输入距离或点”“1.5”。在移动鼠标时，一条与已知线段平行并且长度相等的线段被鼠标拖动着。待位置确定后，单击鼠标左键，一条平行线段被画出，如图 2－25 所示。

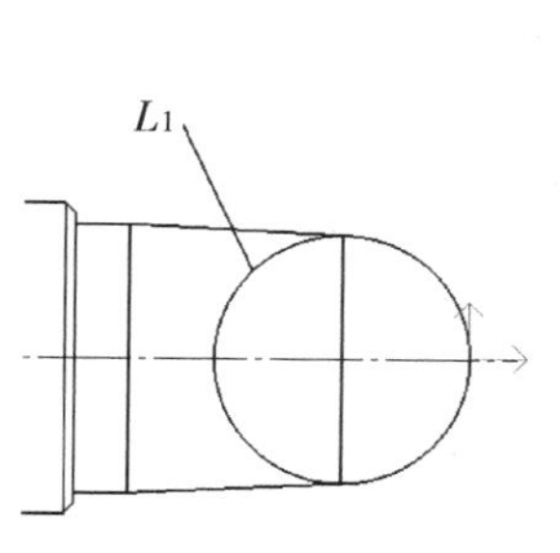

图 2－24 修剪

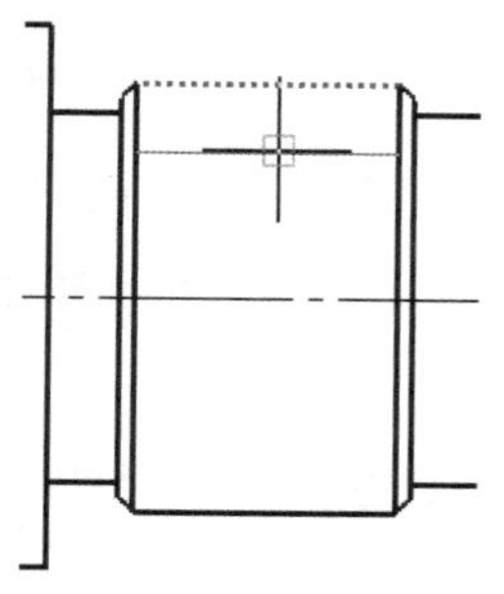

图 2－25 平行线

（7）拉伸。在“编辑”工具栏单击“拉伸”按钮 ，进行曲线拉伸。拾取需要拉伸的曲线，指定终点后，完成拉伸曲线操作，如图 2－26 所示。

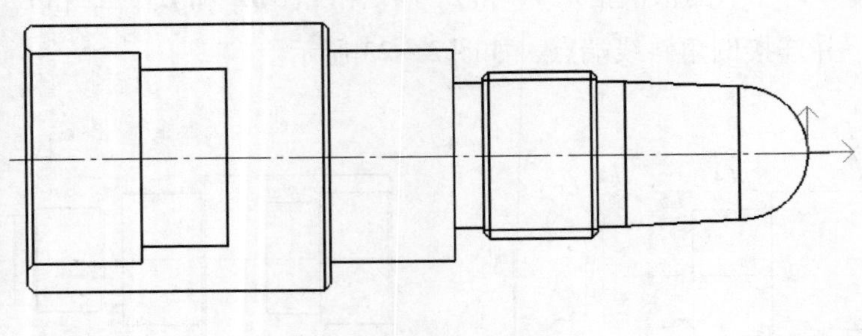

图 2－26　拉伸

二、出刀路及后置处理

使用已绘制好的零件图，试利用 CAXA 数控车软件的 CAM 功能和后置处理功能形成数控指令文件，即数控加工程序，具体步骤如下：

（1）根据零件的加工要求，设定零件的毛坯尺寸，针对粗车，需要制定被加工体的毛坯。毛坯轮廓是一系列首尾相接曲线的集合，如图 2－27 所示（画出要加工的轮廓的上半部分即可）。

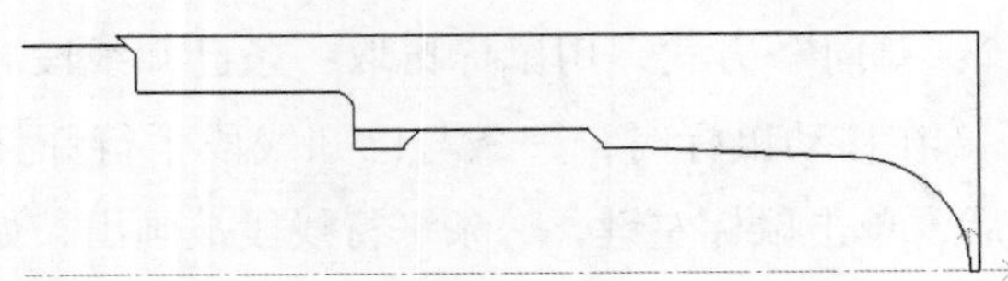

图 2－27　画毛坯轮廓线

（2）选择合适的加工方式，设置加工刀具和切削用量参数，生成刀具路径。

本零件选择的加工方式有轮廓粗车、轮廓精车、切槽加工和螺纹加工。

1）设置刀具。

单击数控车工具栏中的“刀具库管理” ，系统弹出对话框，按需要添加新的外轮廓车刀、内轮廓车刀、切槽刀、螺纹车刀，如图 2－28、图 2－29、图 2－30、图 2－31 所示。

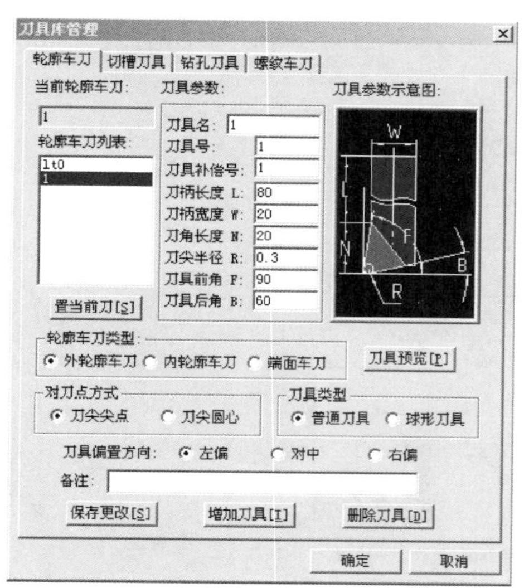

图2－28 外轮廓车刀

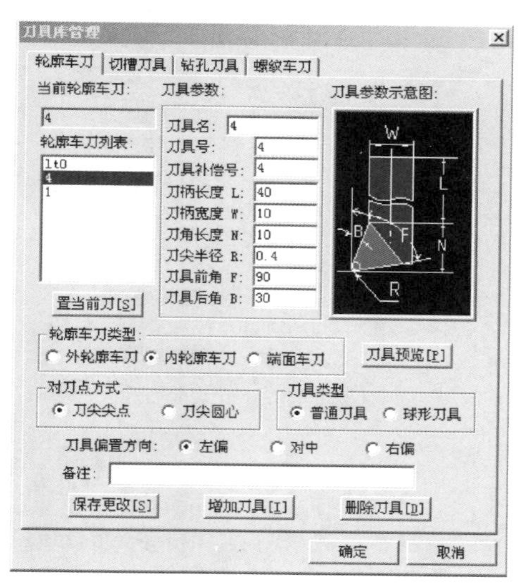

图2－29 内轮廓车刀

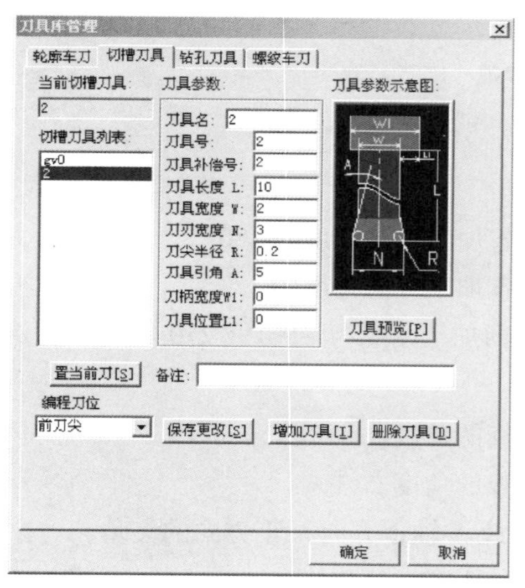

图2－30 切槽刀

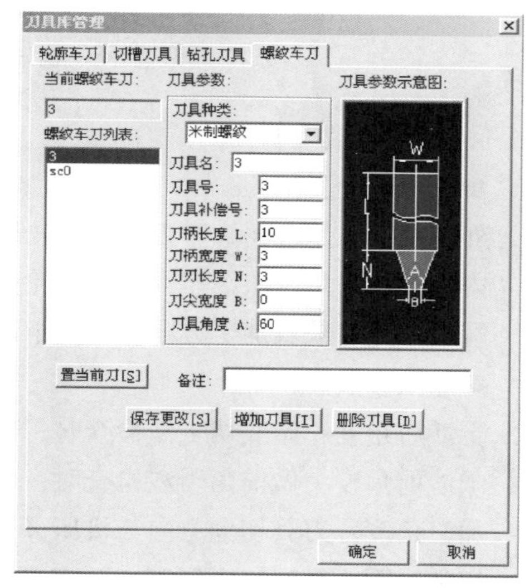

图2－31 螺纹车刀

2）轮廓粗车。

①在菜单区中的“数控车”子菜单区中选取“轮廓粗车”菜单项，系统弹出“粗车参数表”，分别按图2－32设置“加工参数”“进退刀方式”“切削用量”所有参数。而“轮廓车刀”只需双击“轮廓车刀列”里的“1”（图2－28已设置的1号外轮廓车刀）。

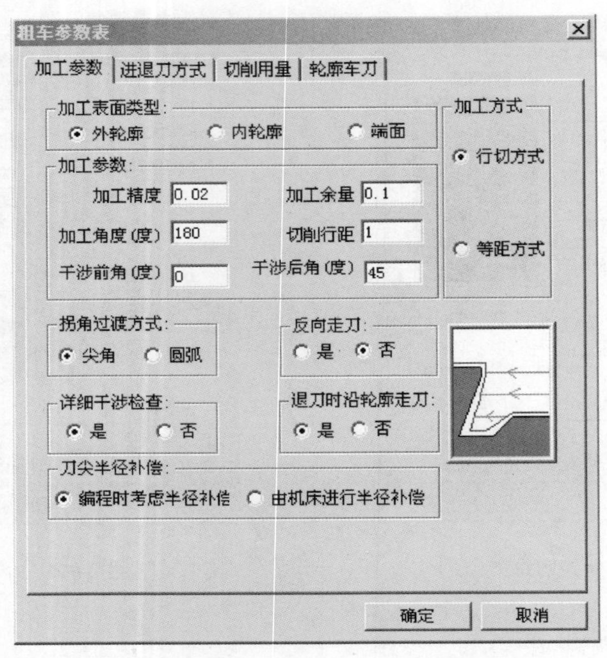

图2－32　加工参数

a. 加工参数说明：

●加工表面类型。

外轮廓：采用外轮廓车刀加工外轮廓，此时缺省加工方向角度为180°。

内轮廓：采用内轮廓车刀加工内轮廓，此时缺省加工方向角度为180°。

端面：此时缺省加工方向应垂直于系统 X 轴，即加工角度为－90°或270°。

●加工参数。

干涉后角度：做底切干涉检查时，确定干涉检查的角度。

干涉前角度：做前角干涉检查时，确定干涉检查的角度。

加工角度：刀具切削方向与机床 Z 轴（软件系统 X 轴正方向）正方向的夹角。

切削行距：行间切入深度，两相邻切削行之间的距离。

加工余量：加工结束后，被加工表面没有加工的部分的剩余量（与最终加工结果比较）。

加工精度：用户可按需要来控制加工的精度。对轮廓中的直线和圆弧，机床可以精确地加工。对由样条曲线组成的轮廓，系统将按给定的精度把样条转化成直线段来满足用户所需的加工精度。

●拐角过渡方式。

圆弧：在切削过程遇到拐角时，刀具从轮廓的一边到另一边的过程中，以圆弧的方式过渡。

尖角：在切削过程遇到拐角时，刀具从轮廓的一边到另一边的过程中，以尖角的方式过渡。

●反向走刀。

否：刀具按缺省方向走刀，即刀具从机床 Z 轴正方向向 Z 轴负方向移动。

是：刀具按与缺省方向相反的方向走刀。

●详细干涉检查。

否：假定刀具前后干涉角均为0°，对凹槽部分不做加工，以保证切削轨迹无前角及底切干涉。

是：加工凹槽时，用定义的干涉角度检查加工中是否有刀具前角及底切干涉，并按定义的干涉角度生成无干涉的切削轨迹。

●退刀时沿轮廓走刀。

否：刀位行首末直接进退刀，不加工行与行之间的轮廓。

是：两刀位行之间如果有一段轮廓，则在后一刀位行之前、之后增加对行间轮廓的加工。

●半径补偿。

编程时考虑半径补偿：在生成加工轨迹时，系统根据当前所用刀具的刀尖半径进行补偿计算（按假想刀尖点编程）。所生成代码即为已考虑半径补偿的代码，无须机床再进行刀尖半径补偿。

由机床进行半径补偿：在生成加工轨迹时，假设刀尖半径为0，按轮廓编程，不进行刀尖半径补偿计算。所生成代码在用于实际加工时应根据实际刀尖半径由机床指定补偿值。

b. 进退刀方式参数说明：

●进刀方式。

相对毛坯进刀方式用于指定对毛坯部分进行切削时的进刀方式，相对加工表面进刀方式用于指定对加工表面部分进行切削时的进刀方式。

与加工表面成定角：指在每一切削行前加入一段与轨迹切削方向夹角成一定角度的进刀段，刀具垂直进刀到该进刀段的起点，再沿该进刀段进刀至切削行。角度定义该进刀段与轨迹切削方向的夹角，长度定义该进刀段的长度。

垂直进刀：指刀具垂直进刀到每一切削行的起始点。

矢量进刀：指在每一切削行前加入一段与系统 X 轴（机床 Z 轴）正方向成一定夹角的进刀段，刀具进刀到该进刀段的起点，再沿该进刀段进刀至切削行。角度定义矢量（进刀段）与系统 X 轴正方向的夹角，长度定义矢量（进刀段）的长度。

●退刀方式。

相对毛坯退刀方式用于指定对毛坯部分进行切削时的退刀方式，相对加工表面退刀方式用于指定对加工表面部分进行切削时的退刀方式。

与加工表面成定角：指在每一切削行后加入一段与轨迹切削方向夹角成一定角度的退刀段，刀具先沿该退刀段退刀，再从该退刀段的末点开始垂直退刀。角度定义该退刀段与轨迹切削方向的夹角，长度定义该退刀段的长度。

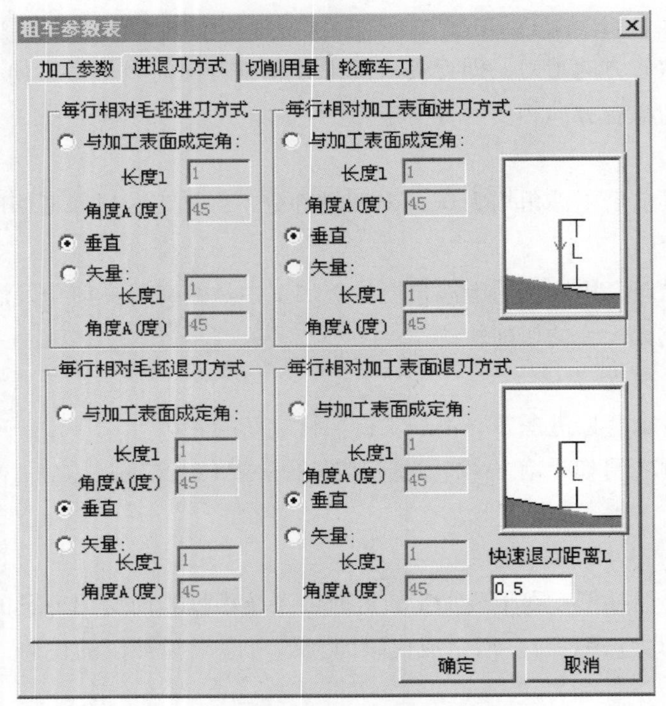

图2-33 进退刀方式

垂直退刀：指刀具沿每一切削行的末点垂直退刀。

矢量退刀：指在每一切削行后加入一段与系统 X 轴（机床 Z 轴）正方向成一定夹角的退刀段，刀具先沿该退刀段退刀，再从该退刀段的末点开始垂直退刀。角度定义矢量（退刀段）与系统 X 轴正方向的夹角，长度定义矢量（退刀段）的长度。

快速退刀距离：以给定的退刀速度回退的距离（相对值），在此距离上以机床允许的最大进给速度 G0 退刀。

c. 切削用量参数说明：

●速度设定。

接近速度：刀具接近工件时的进给速度。

退刀速度：刀具离开工件时的速度。

●主轴转速选项。

恒转速：切削过程中按指定的主轴转速保持主轴转速恒定，直到下一指令改变该转速。

恒线速度：切削过程中按指定的线速度值保持线速度恒定。

主轴转速：机床主轴旋转的速度。计量单位是机床缺省的单位。

●样条拟合方式。

直线拟合：对加工轮廓中的样条线根据给定的加工精度用直线段进行拟合。

圆弧拟合：对加工轮廓中的样条线根据给定的加工精度用圆弧段进行拟合。

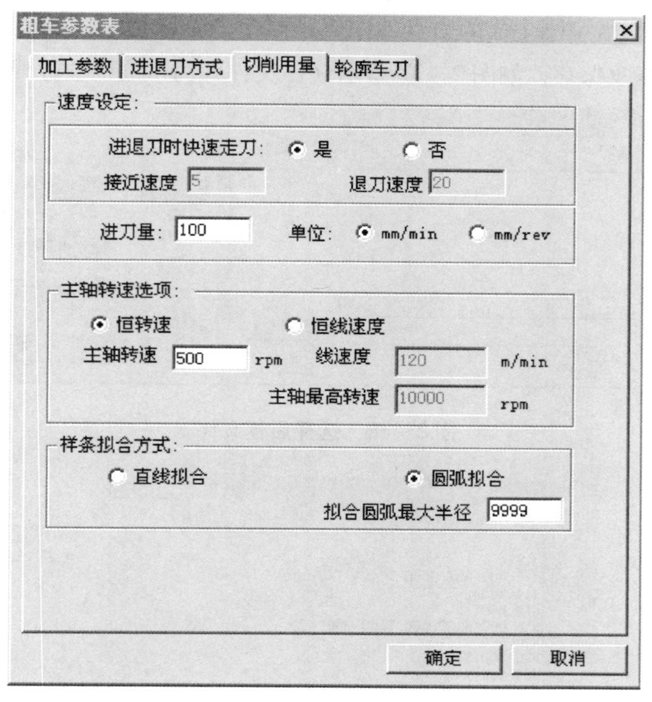

图 2－34 切削用量

②设置好“粗车参数表”后，单击“确定”按钮。单击立即菜单中的“1：单个拾取”，当拾取第一条轮廓线后，此轮廓线变为红色的虚线。系统给出提示：选择方向（要求用户选择一个方向，此方向只表示拾取轮廓线的方向，与刀具的加工方向无关）。选择方向后逐个拾取加工轮廓线，单击右键完成。系统提示拾取毛坯轮廓，逐个拾取毛坯轮廓（线拾取毛坯轮廓方法与拾取加工轮廓线方法类似），单击右键完成。按系统提示输入退刀点“100，50”，系统开始计算生成刀具轨迹，如图 2－35 所示。

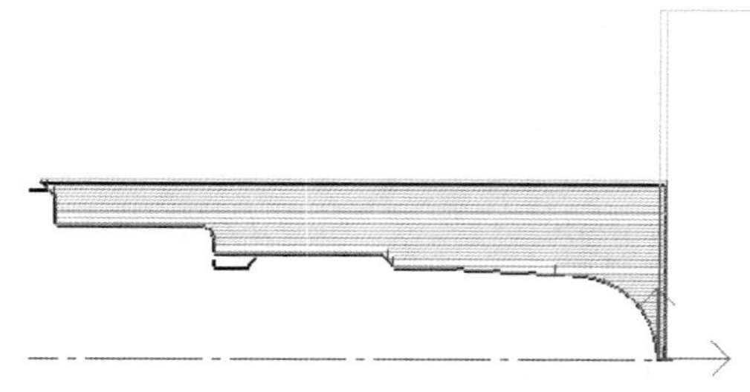

图 2－35 刀具轨迹

③在“数控车”子菜单区中选取“生成代码”功能项，则弹出一个需要用户输入文件名的对话框“选择后置文件!”，填写文件名“1”，如图 2－36 所示。单击“打开”按钮，出现如图 2－36 所示的“选择后置文件!”对话框，单击“是（Y）”按钮，状态提示“拾取刀具轨

迹”，用鼠标拾取绘图区中刚生成的刀具加工轨迹后单击右键确定，系统形成“1. cut”记事本文件并将程序头修改保存，如图2－37所示（该文件即为生成的数控代码加工指令）。

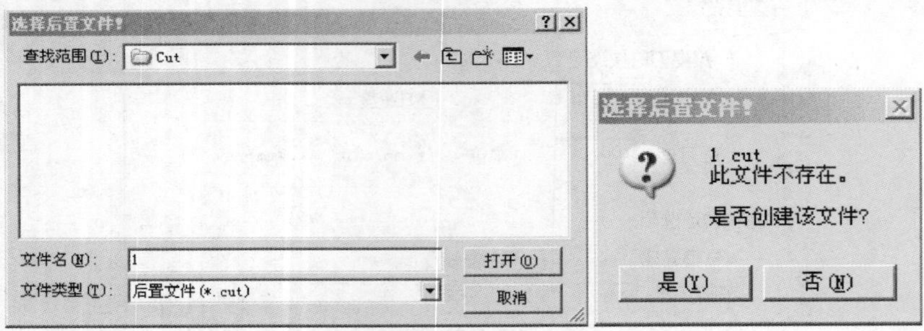

图2－36　选择后置文件

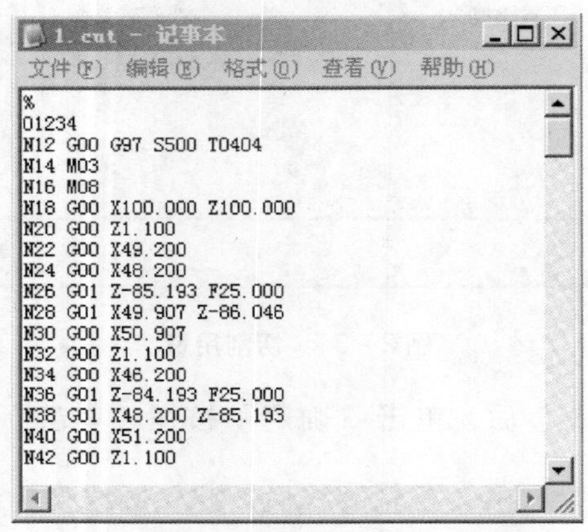

```
%
O1234
N12 G00 G97 S500 T0404
N14 M03
N16 M08
N18 G00 X100.000 Z100.000
N20 G00 Z1.100
N22 G00 X49.200
N24 G00 X48.200
N26 G01 Z-85.193 F25.000
N28 G01 X49.907 Z-86.046
N30 G00 X50.907
N32 G00 Z1.100
N34 G00 X46.200
N36 G01 Z-84.193 F25.000
N38 G01 X48.200 Z-85.193
N40 G00 X51.200
N42 G00 Z1.100
```

图2－37　生成数控代码加工指令

3）轮廓精车。

①在菜单区的“数控车”子菜单区中选取“轮廓精车”菜单项，系统弹出“精车参数表”对话框。分别按图2－38、图2－39、图2－40设置“加工参数”“进退刀方式”“切削用量”所有参数。而“轮廓车刀”里的参数按轮廓粗车的设置便可。

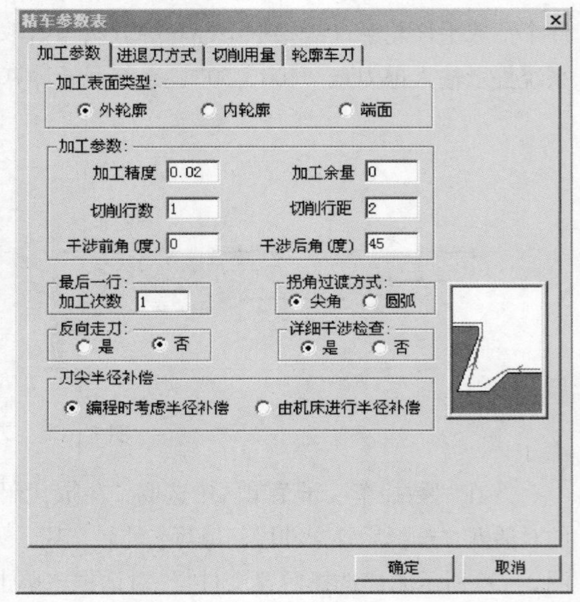

图2－38　加工参数

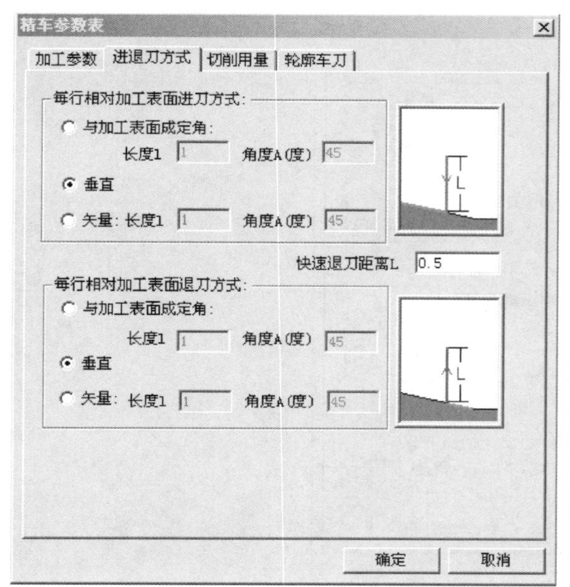

图2－39 进退刀方式

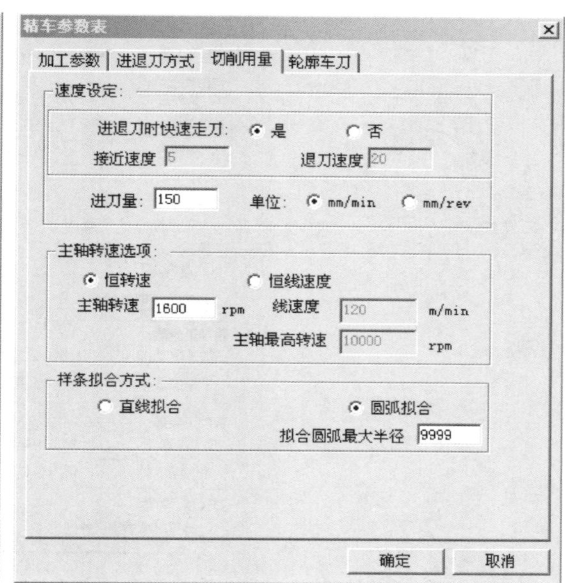

图2－40 切削用量

②设置好“精车参数表”后，单击“确定”按钮。单击立即菜单中的“1：单个拾取” 1: 单个拾取 拾取被加工工件表面轮廓: ，当拾取第一条轮廓线后，此轮廓线变为红色的虚线。系统给出提示：选择方向（要求用户选择一个方向，此方向只表示拾取轮廓线的方向，与刀具的加工方向无关）。选择方向后逐个拾取加工轮廓线，单击右键完成。按系统提示输入退刀点“100，50”，系统开始计算生成刀具轨迹，如图2－41所示。

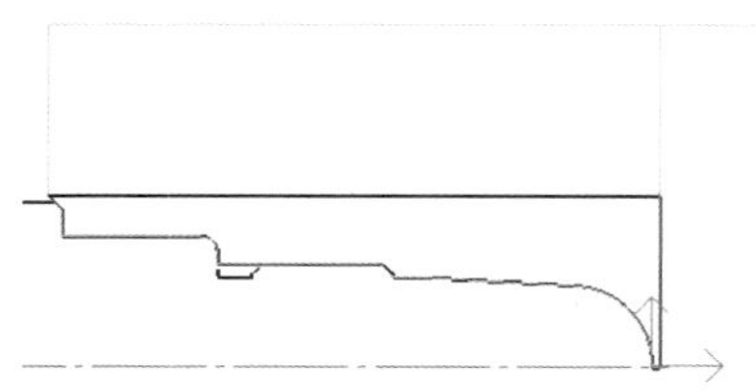

图2－41 刀具轨迹

③生成轮廓精车数控代码加工指令，文件名为“2. cut”［操作可参考2）轮廓粗车步骤③的代码生成］。

4）切槽加工。

①在菜单区的“数控车”子菜单区中选取“车槽”菜单项，系统弹出“切槽参数表”。分别按图2－42、图2－43、图2－44设置“切槽加工参数”“切削用量”所有参数。而“切槽刀具”只需双击“切槽刀具”里的“2”（图2－30已设置的2号切槽刀）。

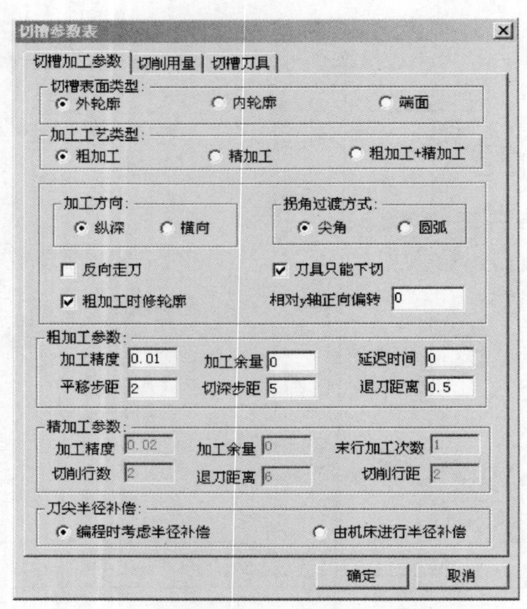

图 2－42　切槽加工参数

切槽加工参数说明：

●切槽表面类型。

外轮廓：外轮廓切槽，或用切槽刀加工外轮廓。

内轮廓：内轮廓切槽，或用切槽刀加工内轮廓。

端面：端面切槽，或用切槽刀加工端面。

●加工工艺类型。

粗加工：对槽只进行粗加工。

精加工：对槽只进行精加工。

粗加工＋精加工：对槽进行粗加工之后接着做精加工。

●拐角过渡方式。

尖角：在切削过程遇到拐角时，刀具从轮廓的一边到另一边的过程中，以尖角的方式过渡。

圆弧：在切削过程遇到拐角时，刀具从轮廓的一边到另一边的过程中，以圆弧的方式过渡。

●粗加工参数。

加工余量：粗加工时，被加工表面未加工部分的预留量。

延迟时间：粗车槽时，刀具在槽底部停留的时间。

平移步距：粗车槽时，刀具切到指定的切深平移量后进行下一次切削前的水平平移量（机床 Z 轴方向）。

切深步距：粗车槽时，刀具每一次纵向切槽的切入量（机床 X 轴方向）。

退刀距离：粗车槽中进行下一行切削前退刀到槽外的距离。

●精加工参数。

加工余量：精加工时，被加工表面未加工部分的预留量。

末行加工次数：精车槽时，为提高加工的表面质量，最后一行常常在相同进给量的情况下进行多次切削，该处定义多次切削的次数。

切削行数：精加工刀位轨迹的加工行数，不包括最后一行的重复次数。

退刀距离：精加工中切削完一行之后，进行下一行切削前退刀的距离。

切削行距：精加工行与行之间的距离。

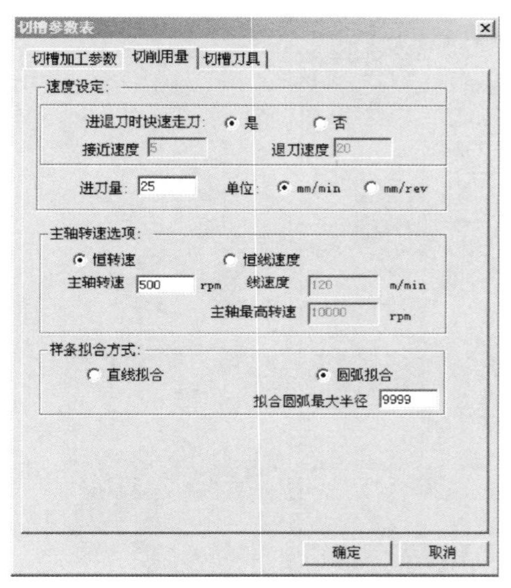

图2－43　切削用量

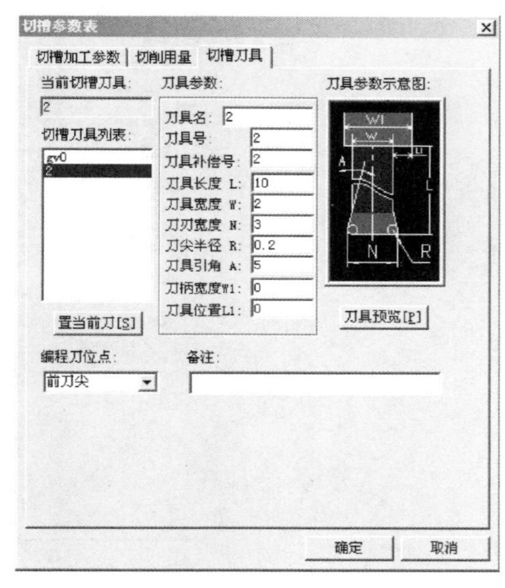

图2－44　切槽刀具

②设置好“切槽参数表”后，单击“确定”按钮。单击立即菜单中的“1：单个拾取”1: 单个拾取 拾取被加工工件表面轮廓:，当拾取第一条轮廓线后，此轮廓线变为红色的虚线。系统给出提示：选择方向。选择方向后逐个拾取加工轮廓线，单击右键完成。按系统提示输入退刀点“100，50”，系统开始计算生成刀具轨迹，如图2－45所示。

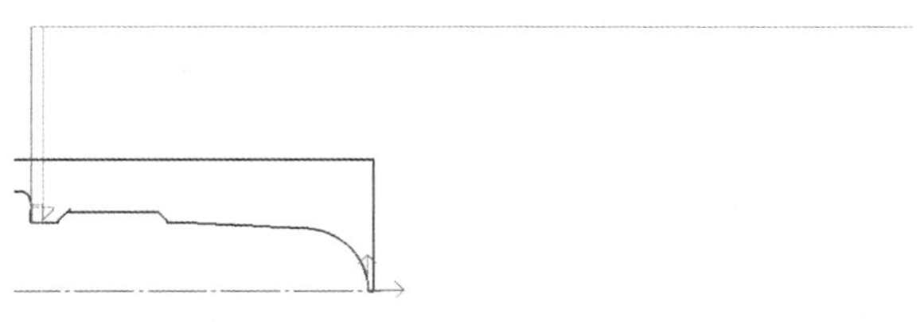

图2－45　刀具轨迹

③生成切槽加工数控代码加工指令，文件名为“3. cut”［操作可参考2）轮廓粗车步骤③的代码生成］。

5）螺纹加工。

①在“数控车”子菜单区中选取“螺纹固定循环”功能项。依次拾取螺纹起点、终点。拾取完毕，弹出“螺纹参数表”（前面拾取的点的坐标也将显示在参数表中）。分别按图2－46、图2－47、图2－48、图2－49设置“螺纹参数”“螺纹加工参数”“进退刀方式”“切削用量”所有参数。而“螺纹车刀”只需双击“螺纹车刀列表”里的“3”（图2－31已设置的3号螺纹军刀）。

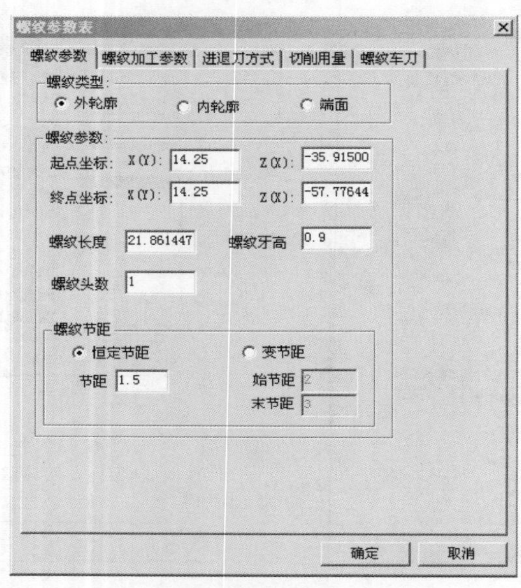

图2－46　螺纹参数

a. 螺纹参数说明：

●螺纹参数。

起点坐标：车螺纹的起始点坐标，单位为mm。

终点坐标：车螺纹的终止点坐标，单位为mm。

螺纹长度：螺纹起始点到终止点的距离。

螺纹牙高：螺纹牙的高度。

螺纹头数：螺纹起始点到终止点之间的牙数。

●螺纹节距。

恒定节距：两个相邻螺纹轮廓上对应点之间的距离为恒定值。

节距：恒定节距值。

变节距：两个相邻螺纹轮廓上对应点之间的距离为变化的值。

始节距：起始端螺纹的节距。

末节距：终止端螺纹的节距。

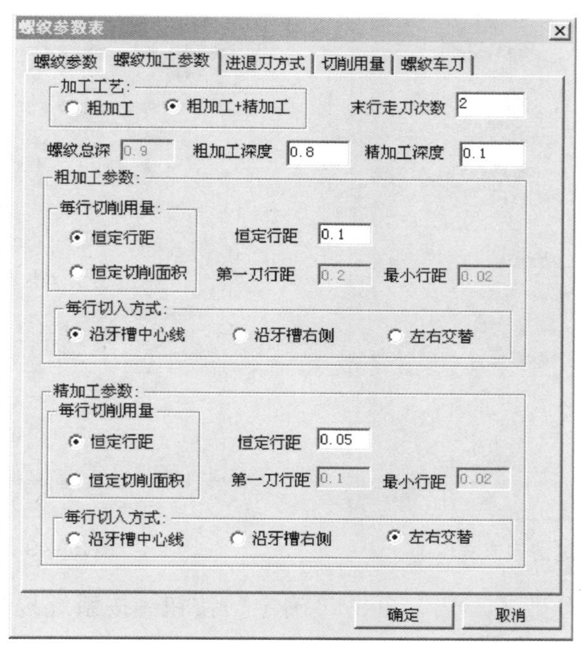

图 2－47　螺纹加工参数

b. 螺纹加工参数说明：

●加工工艺。

粗加工：指直接采用粗切方式加工螺纹。

粗加工＋精加工：指根据指定的粗加工深度进行粗切后，再采用精切方式（如采用更小的行距）切除剩余余量（精加工深度）。

粗加工深度：螺纹粗加工的切深量。

精加工深度：螺纹精加工的切深量。

●每行切削用量。

恒定行距：每一切削行的间距保持恒定。

恒定切削面积：为保证每次切削的切削面积恒定，各次切削深度将逐步减小，直至等于最小行距。用户需指定第一刀行距及最小行距。

吃刀深度：第 n 刀的吃刀深度为第一刀的吃刀深度的$\sqrt{n}$倍。

末行走刀次数：为提高加工质量，最后一个切削行有时需要重复走刀多次，此时需要指定重复走刀次数。

每行切入方式：指刀具在螺纹起始端切入时的切入方式。刀具在螺纹末端的退出方式与切入方式相同。

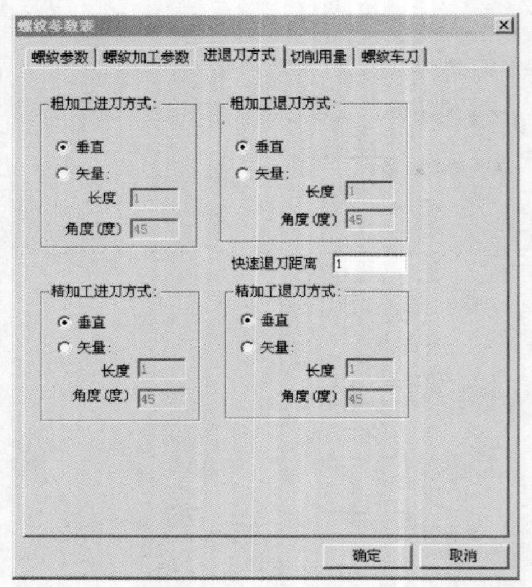

图2-48　进退刀方式

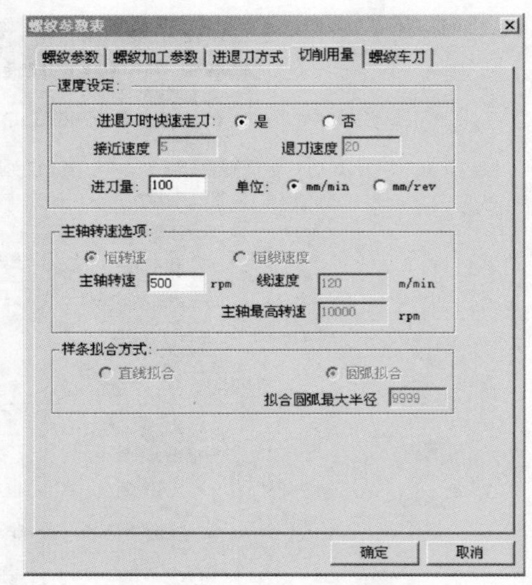

图2-49　切削用量

②设置好“螺纹参数表”后，单击“确定”按钮。按系统提示输入退刀点“100，50”，系统开始计算生成刀具轨迹，如图2-50所示。

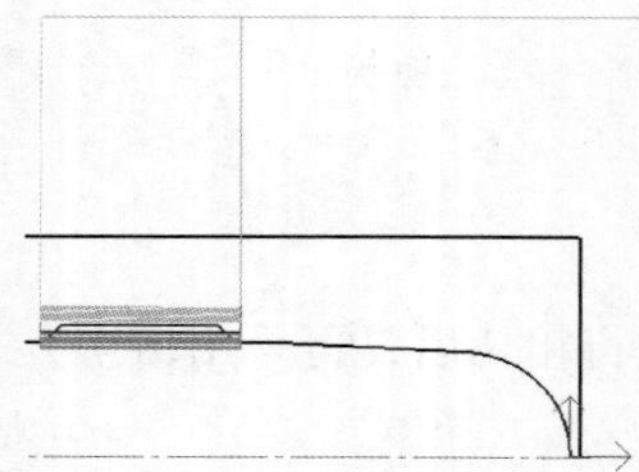

图2-50　刀具轨迹

③生成螺纹加工的数控代码加工指令，文件名为“4. cut”［操作可参考2）轮廓粗车步骤③的代码生成］。

（3）工件调头，钻ϕ26 mm孔。根据零件的加工要求，设定零件的毛坯尺寸，针对粗车，需要制定被加工体的毛坯。毛坯轮廓是一系列首尾相接曲线的集合，如图2-51所示（画出要加工的轮廓的上半部分即可）。

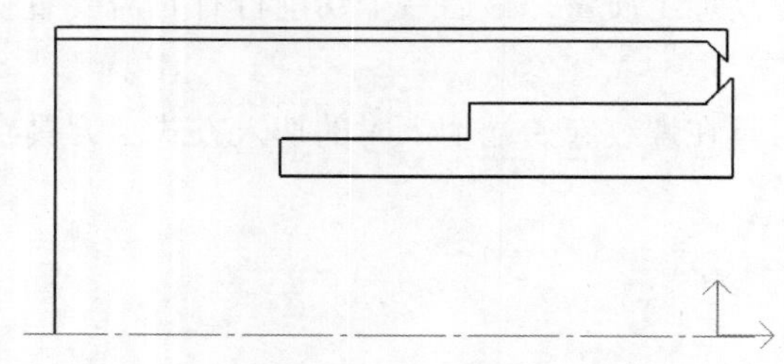

图2-51　毛坯轮廓

1）内轮廓粗车。

①在菜单区的“数控车”子菜单区中选取“轮廓粗车”菜单项，系统弹出“粗车参数表”，分别按图2－52、图2－53、图2－54设置“加工参数”“进退刀方式”“切削用量”所有参数。而“轮廓车刀”只需双击“轮廓车刀列”里的“4”（图2－29已设置的4号内轮廓车刀）。

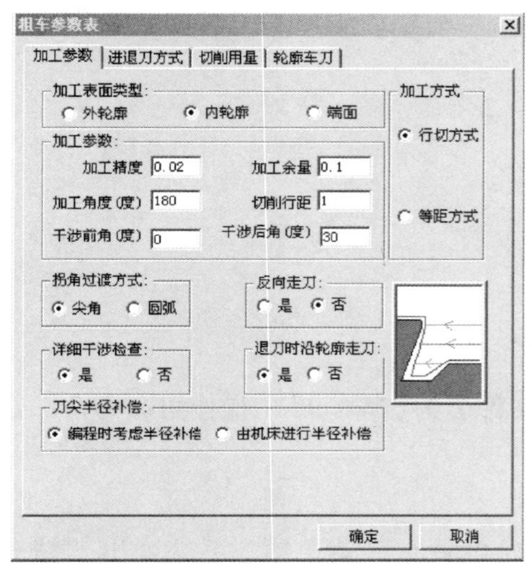

图2－52 加工参数

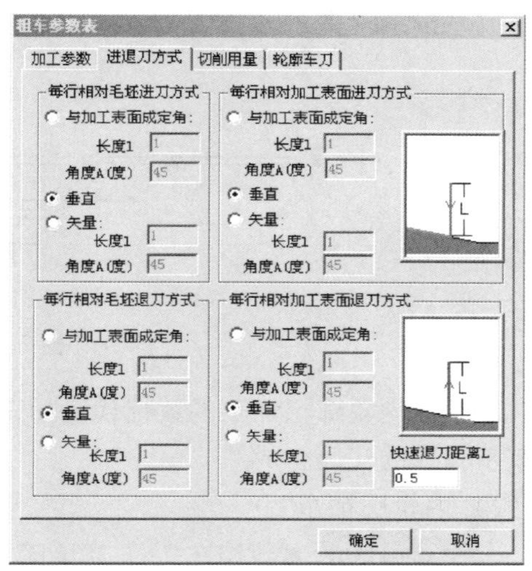

图2－53 进退刀方式

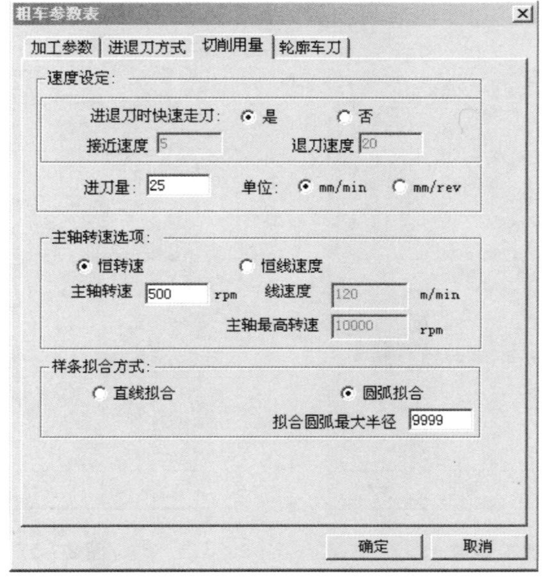

图2－54 切削用量

②设置好“粗车参数表”后，单击“确定”按钮。单击立即菜单中的“1：单个拾取”1：单个拾取 拾取被加工工件表面轮廓：，当拾取第一条轮廓线后，此轮廓线变为红色的虚线。系统给出提示：选择方向（要求用户选择一个方向，此方向只表示拾取轮廓线的方向，与刀具的加工方向无关）。选择方向后逐个拾取加工轮廓线，单击右键完成。系统提示拾取毛坯轮廓，逐个拾取毛坯轮廓（拾取毛坯轮廓方法与拾取加工轮廓线方法类似），单击右键完成。按系统提示输入退刀点“100，12”，系统开始计算生成刀具轨迹，如图 2－55 所示。

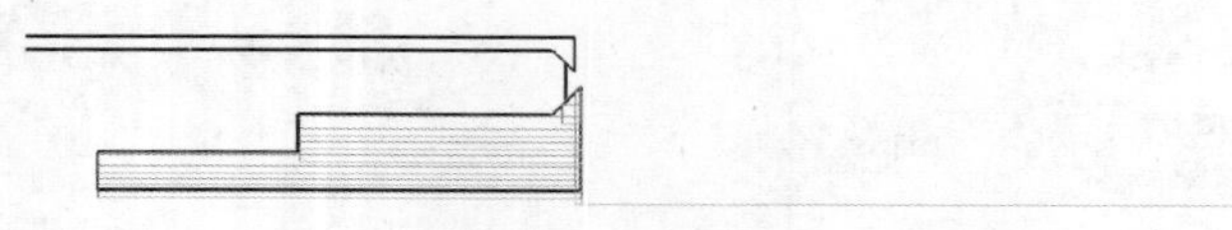

图 2－55　刀具轨迹

③生成内轮廓粗加工的数控代码加工指令，文件名为“5. cut”［操作可参考 2）轮廓粗车步骤③的代码生成］。

2）内轮廓精车。

①在菜单区的“数控车”子菜单区中选取“轮廓精车”菜单项，系统弹出“精车参数表”。分别按图 2－56、图 2－57、图 2－58 设置“加工参数”“进退刀方式”“切削用量”所有参数，而“轮廓车刀”里的参数按内轮廓粗车的设置便可。

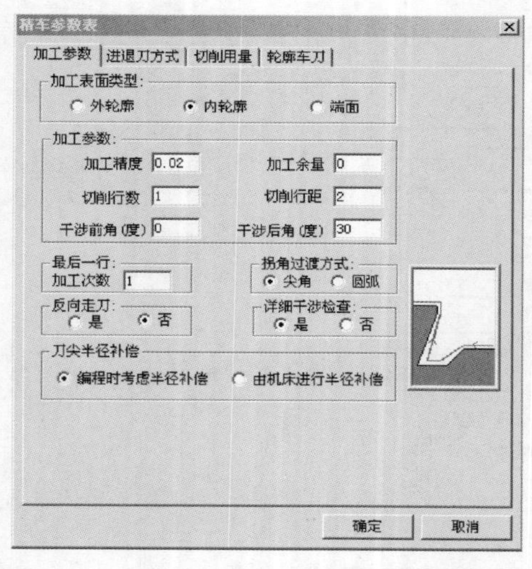

图 2－56　加工参数

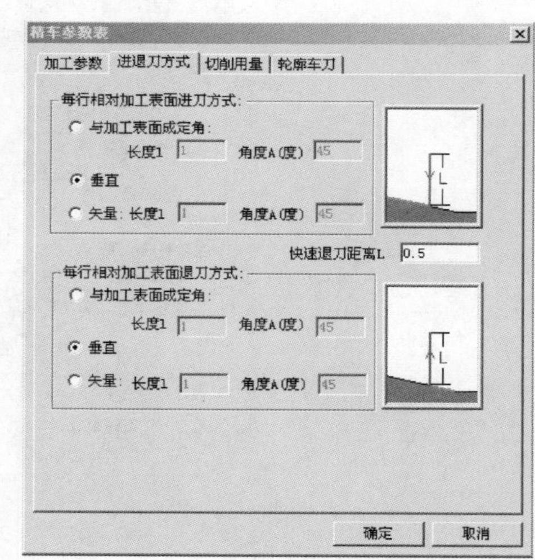

图 2－57　进退刀方式

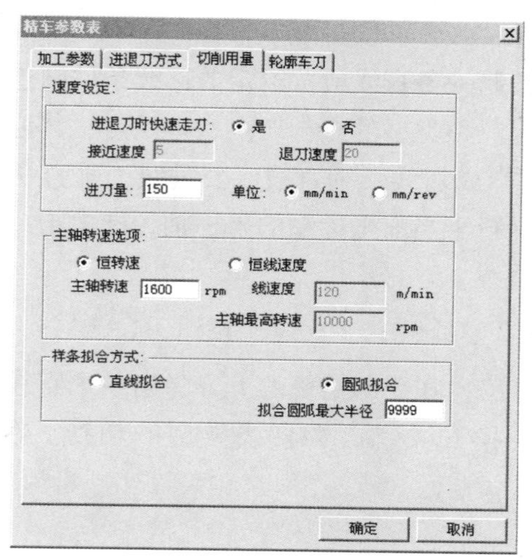

图 2－58　切削用量

②设置好“精车参数表”后，单击“确定”按钮。单击立即菜单中的“1：单个拾取” 1: 单个拾取 拾取被加工工件表面轮廓: ，当拾取第一条轮廓线后，此轮廓线变为红色的虚线。系统给出提示：选择方向（要求用户选择一个方向，此方向只表示拾取轮廓线的方向，与刀具的加工方向无关）。选择方向后逐个拾取加工轮廓线，单击右键完成。按系统提示输入退刀点“100，12”，系统开始计算生成刀具轨迹，如图 2－59 所示。

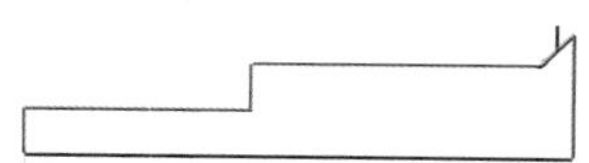

图 2－59　刀具轨迹

③生成内轮廓精车数控代码加工指令，文件名为“6. cut”［操作可参考 2）轮廓粗车步骤③的代码生成］。

3）粗、精车外圆 ϕ48 mm。

方法与操作步骤与前面的外轮廓粗、精车相同。

三、相关知识

（一）绘制线

1．绘制直线

直线是图形构成的基本要素，而正确、快捷地绘制直线的关键在于点的选择，在 CAXA 数控车中拾取点时，可充分利用工具点、智能点、导航点、栅格点等功能。在点的输入时，一般以绝对坐标输入，但根据实际情况，也可以输入点的相对坐标和极坐标。

2. 绘制两点线

在屏幕上按给定两点绘制一条直线或按给定的连续条件画连续的直线。在非正交情况下，第一点和第二点均可为三种类型的点：切点、垂足点、其他点（工具点菜单上列出的点）。根据拾取点的类型可生成切线、垂直线、公垂线、垂直切线以及任意的两点线。在正交情况下，生成的直线平行于当前坐标系的坐标轴，即由第一点定出首访点，第二点定出与坐标轴平行或垂直的直线。

（1）单击“绘制工具”工具栏中“直线”按钮 。

（2）单击立即菜单“1:”，在立即菜单的上方弹出一个直线类型的选项菜单。菜单中的每一项都相当于一个转换开关，负责直线类型的切换。在选项菜单中单击“两点线”

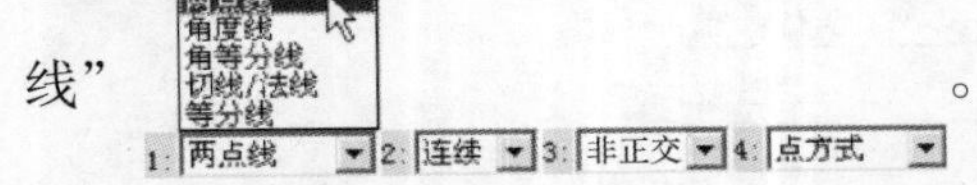

。

（3）单击立即菜单“2:”，则该项内容由“连续”变为“单个”，其中“连续”表示每段直线段相互连接，前一段直线段的终点为下一段直线段的起点，而“单个”是指每次绘制的直线段相互独立，互不相关。

（4）单击立即菜单“3：非正交”，其内容变为“正交”，它表示下面要画的直线为正交线段，所谓“正交线段”是指与坐标轴平行的线段。数控车 2008 新增加了 F8 键可以切换是否正交。

（5）按立即菜单的条件和提示要求，用鼠标拾取两点，则一条直线被绘制出来。为了准确地绘制出直线，用户最好使用键盘输入两个点的坐标或距离。

（6）此命令可以重复进行，右击终止此命令。

3. 绘制平行线

绘制与已知线段平行的线段。

（1）单击“绘制工具”工具栏中“平行线”按钮 。

（2）单击立即菜单“1:”，可以选择“偏移”方式或“两点”方式。

（3）选择“偏移”方式后，单击立即菜单“2：单向”，其内容由“单向”变为“双向”，在双向条件下可以绘制出与已知线段平行、长度相等的双向平行线段。当在单向模式下，用键盘输入距离时，系统首先根据十字光标在所选线段的那一侧来判断绘制线段的位置。

（4）选择“两点”方式后，可以单击立即菜单“2:”来选择“点方式”或“距离方式”，根据系统提示即可绘制相应的线段。

（5）按照以上描述，选择“偏移”方式用鼠标拾取一条已知线段。拾取后，该提示改为“输入距离或点”。在移动鼠标时，一条与已知线段平行、并且长度相等的线段被鼠标拖动着。待位置确定后，单击鼠标左键，一条平行线段被绘制出来。也可用键盘输入一个距离数值，两种方法的效果相同。

（二）绘制圆

1. 已知圆心、半径绘制圆

（1）单击“绘制工具”工具栏中的“圆”按钮。

（2）单击立即菜单“1:”，弹出绘制圆的各种方法的选项菜单，其中每一项都为一个转换开关，可对不同画圆方法进行切换，这里选择“圆心_半径”项 。

（3）按提示要求输入圆心，提示变为“输入半径或圆上一点”。此时，可以直接由键盘输入所需半径数值，并按回车键完成；也可以移动光标，确定圆上的一点，并单击鼠标左键完成。

（4）若用户单击立即菜单“2:”，则显示内容由“半径”变为“直径”，则输入完圆心以后，系统提示变为“输入直径或圆上一点”，由键盘输入的数值为圆的直径。

（5）此命令可以重复操作，右击结束操作。

（6）根据不同的绘图要求，可在立即菜单中选择是否出现中心线，系统默认为无中心线。

此命令在圆的绘制中皆可选择 1: 两点 2: 有中心线 3: 中心线延长长度 3 。

2. 两点绘制圆

通过两个已知点绘制圆，这两个已知点之间的距离为直径。

（1）单击“绘制工具”工具栏中的“圆”按钮。

（2）单击立即菜单“1:”，从中选择“两点”项。

（3）按提示要求输入第一点和第二点后，一个完整的圆被绘制出来。

（4）此命令可以重复操作，右击结束操作。

3. 三点绘制圆

过已知三点绘制圆。

（1）单击“绘制工具”工具栏中的“圆”按钮。

（2）单击立即菜单“1:”，从中选择“三点”项。

（3）按提示要求输入第一点、第二点和第三点后，一个完整的圆被绘制出来。在输入点时可充分利用智能点、栅格点、导航点和工具点。

（4）此命令可以重复操作，右击结束操作。

4. 两点_半径绘制圆

过两个已知点和给定半径绘制圆。

（1）单击“绘制工具”工具栏中的“圆”按钮。

（2）单击立即菜单“1:”，从中选择“两点_半径”选项。

（3）按提示要求输入第一点、第二点后，用鼠标或键盘输入第三点或用键盘输入一个半径值，一个完整的圆被绘制出来。

（4）此命令可以重复操作，右击结束操作。

（三）绘制孔/轴

在给定位置绘制出带有中心线的轴和孔或带有中心线的圆锥孔和圆锥轴。

（1）单击“绘制工具Ⅱ”工具栏中的“孔/轴”按钮 。

（2）如图所示，单击立即菜单“1:”，则可进行“轴”和“孔”的切换，无论是绘制轴还是孔，剩下的操作方法完全相同。轴与孔的区别只是在于在绘制孔时是否省略两端的端面线，如 1: 轴 2: 直接给出角度 3: 中心线角度 0 。

（3）单击立即菜单中的“3：中心线角度”，用户可以按提示输入一个角度值，以确定待画轴或孔的倾斜角度，角度的范围是（-360°，360°）。

（4）按提示要求，移动鼠标或用键盘输入一个插入点，这时在立即菜单处出现一个新的立即菜单 1: 轴 2:起始直径 100 3:终止直径 100 4: 有中心线 。

立即菜单列出了待绘制轴的已知条件，提示表明下面要进行的操作。此时，如果移动鼠标会发现，一个直径为 100 的轴被显示出来，该轴以插入点为起点，其长度由用户给出。

（5）如果单击立即菜单中的“2：起始直径”或“3：终止直径”，用户可以输入新值以重新确定轴或孔的直径，如果起始直径与终止直径不同，则绘制出的是圆锥孔或圆锥轴。

（6）立即菜单“4：有中心线”表示在轴或孔绘制完后，会自动添加上中心线，如果选择“无中心线”方式则不会添加上中心线。

（7）当立即菜单中的所有内容设定完后，用鼠标确定轴或孔上一点，或由键盘输入轴或孔的轴长度。一旦输入结束，一个带有中心线的轴或孔就被绘制出来。

（8）此命令可以重复操作，右击停止操作。

（四）裁剪

CAXA 数控车允许对当前的一系列图形元素进行裁剪操作。裁剪操作分为快速裁剪、拾取边界裁剪和批量裁剪三种方式。

1. 快速裁剪

用鼠标直接拾取被裁剪的曲线，系统自动判断边界并做出裁剪响应。

（1）单击并选择“修改”下拉菜单中的“裁剪”命令或在“编辑”工具栏单击“裁剪”按钮 。

（2）系统进入默认的快速裁剪方式。快速裁剪时，允许用户在各交叉曲线中进行任意裁剪的操作。其操作方法是直接用光标拾取要被裁剪掉的线段，系统根据与该线段相交的曲线自动确定出裁剪边界，待单击鼠标左键后，将被拾取的线段裁剪掉。

（3）快速裁剪在相交较简单的边界情况下可发挥巨大的优势，它具有很强的灵活性，在实践过程中熟练掌握这种裁剪方式将大大提高工作的效率。

2. 拾取边界裁剪

对于相交情况复杂的边界，数控车提供了拾取边界的裁剪方式。拾取一条或多条曲线作为剪刀线，构成裁剪边界，对一系列被裁剪的曲线进行裁剪。系统将裁剪掉所拾取到的曲线段，保留在剪刀线另一侧的曲线段。另外，剪刀线也可以被裁剪。

（1）单击并选择“修改”下拉菜单中的“裁剪”命令或在“编辑”工具栏单击“裁剪”按钮。

（2）按提示要求，用鼠标拾取一条或多条曲线作为剪刀线，然后右击，以示确认。此时，操作提示变为“拾取要裁剪的曲线”。用鼠标拾取要裁剪的曲线，系统将根据用户选定的边界做出反应，裁剪掉前面拾取的曲线段至边界部分，保留边界另一侧的部分。

（3）拾取边界操作方式可以在选定边界的情况下对一系列的曲线进行精确的裁剪。此外，拾取边界裁剪与快速裁剪相比，省去了计算边界的时间，因此执行速度比较快，这一点在边界复杂的情况下更加明显。

3. 批量裁剪

当曲线较多时，可以对曲线进行批量裁剪。

（1）单击并选择“修改”下拉菜单中的“裁剪”命令或在“编辑”工具栏单击“裁剪”按钮。

（2）在立即菜单中选择“批量裁剪”项。

（3）拾取剪刀线。可以是一条曲线，也可以是首尾相连的多条曲线。

（4）用窗口拾取要裁剪的曲线，单击右键确认。

（5）选择要裁剪的方向，裁剪完成。

（五）过渡

CAXA数控车的过渡包括圆角、倒角和尖角的过渡操作。

1. 圆角过渡

在两圆弧（或直线）之间进行圆角的光滑过渡。

（1）单击并选择“修改”下拉菜单中的“过渡”命令或在“编辑”工具栏单击“过渡”按钮。

（2）用鼠标单击立即菜单“1:”，则在立即菜单上方弹出选项菜单，用户可以在选项菜单中根据作图需要用鼠标选择不同的过渡形式。选项菜单如图2-60所示。

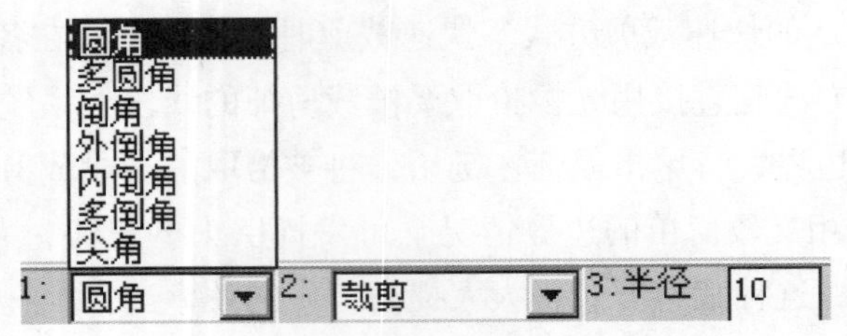

图 2－60　过渡形式

（3）用鼠标单击立即菜单中的“2:”，则在其上方也弹出一个如图 2－61 所示的选项菜单。

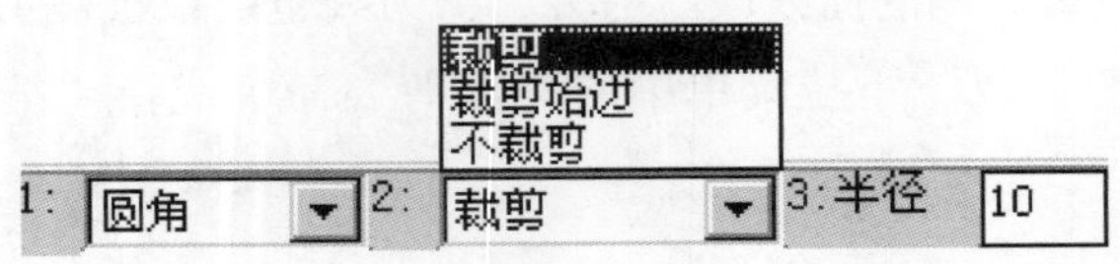

图 2－61　裁剪方式

用鼠标单击可以对其进行裁剪方式的切换。选项菜单的含义如下：

①裁剪：裁剪掉过渡后所有边的多余部分。

②裁剪始边：只裁剪掉起始边的多余部分，起始边也就是用户拾取的第一条曲线。

③不裁剪：执行过渡操作以后，原线段保留原样，不被裁剪。

（4）单击立即菜单“3：半径”后，可按照提示输入过渡圆弧的半径值。

（5）按当前立即菜单的条件及操作提示的要求，用鼠标拾取待过渡的第一条曲线，被拾取到的曲线呈红色显示，而操作提示变为“拾取第二条曲线”。在用鼠标拾取第二条曲线以后，在两条曲线之间用一个圆弧光滑过渡。

注意：用鼠标拾取的曲线的位置不同，会得到不同的结果，而且，过渡圆弧半径的大小应合适，否则也将得不到正确的结果。

2. 多圆角过渡

用给定半径过渡一系列首尾相连的直线段。

（1）单击并选择“修改”下拉菜单中的“过渡”命令或在“编辑”工具栏单击“过渡”按钮。

（2）在弹出的立即菜单中单击“1:”，并从菜单选项中选择“多圆角” 1: 多圆角。

（3）用鼠标单击立即菜单中的 2:半径=3，按操作提示用户可从键盘输入一个实数，重新确定过渡圆弧的半径。

（4）按当前立即菜单的条件及操作提示的要求，用鼠标拾取待过渡的一系列首尾相连的直线。这一系列首尾相连的直线可以是封闭的，也可以是不封闭的。

3. 倒角过渡

在两直线间进行倒角过渡。直线可被裁剪或向角的方向延伸。

（1）单击并选择“修改”下拉菜单中的“过渡”命令或在“编辑”工具栏单击“过渡”按钮。

（2）在弹出的立即菜单中单击“1:”，并从菜单选项中选择“倒角”。

（3）用户可从立即菜单项“2:”中选择裁剪的方式，操作方法及各选项的含义与“圆角过渡”中所介绍的一样。

（4）立即菜单中的 3:长度=2 和 4:倒角=45 两项内容表示倒角的轴向长度和倒角的角度。根据系统提示，从键盘输入新值可改变倒角的长度与角度。其中“轴向长度”是指从两直线的交点开始，沿所拾取的第一条直线方向的长度。“角度”是指倒角线与所拾取第一条直线的夹角，其范围是（0°，180°）。由于轴向长度和角度的定义均与第一条直线的拾取有关，所以两条直线拾取的顺序不同，做出的倒角也不同。

（5）若需倒角的两直线已相交（即已有交点），则拾取两直线后，立即做出一个由给定长度、给定角度确定的倒角。如果待倒角过渡的两条直线没有相交（即尚不存在交点），则拾取完两条直线以后，系统会自动计算出交点的位置，并将直线延伸，而后做出倒角。

4. 外倒角和内倒角过渡

绘制三条相垂直的直线外倒角或内倒角。

（1）单击并选择“修改”下拉菜单中的“过渡”命令或在“编辑”工具栏单击“过渡”按钮。

（2）在弹出的立即菜单中单击“1:”，并从菜单选项中选择“外倒角”或“内倒角”。

（3）立即菜单中的 2:长度=2 和 3:倒角=45 两项内容表示倒角的轴向长度和倒角的角度。用户可按照系统提示，从键盘输入新值，改变倒角的长度与角度。

（4）然后根据系统提示，选择三条相互垂直的直线，即直线 a、b 同垂直于 c，并且在 c 的同侧。

（5）外（内）倒角的结果与三条直线拾取的顺序无关，只取决于三条直线的相互垂直关系。

5. 多倒角过渡

倒角过渡一系列首尾相连的直线。

（1）单击并选择“修改”下拉菜单中的“过渡”命令或在“编辑”工具栏单击“过渡”按钮。

（2）在弹出的立即菜单中单击“1:”，并从菜单选项中选择“多倒角”。

（3）立即菜单中的 2:长度=2 和 3:倒角=45 两项内容表示倒角的轴向长度和倒角的角度。用户可按照系统提示，从键盘输入新值，改变倒角的长度与角度。

（4）然后根据系统提示，选择首尾相连的直线，具体操作方法与“多圆角过渡”的操作方法十分相似。

6. 尖角过渡

在两条曲线（直线、圆弧、圆等）的交点处，形成尖角过渡。两曲线若有交点，则以交点为界，把多余部分裁剪掉；两曲线若无交点，则系统首先计算出两曲线的交点，再将两曲线延伸至交点处。

（1）单击并选择“修改”下拉菜单中的“过渡”命令或在“编辑”工具栏单击“过渡”按钮。

（2）在弹出的立即菜单中单击“1:”，并从菜单选项中选择“尖角”。按提示要求连续拾取第一条曲线和第二条曲线以后，即可完成尖角过渡的操作。

注意：用鼠标拾取的位置不同，将产生不同的结果。

练习与思考

试完成下图所示零件的造型和出刀路及后置处理。

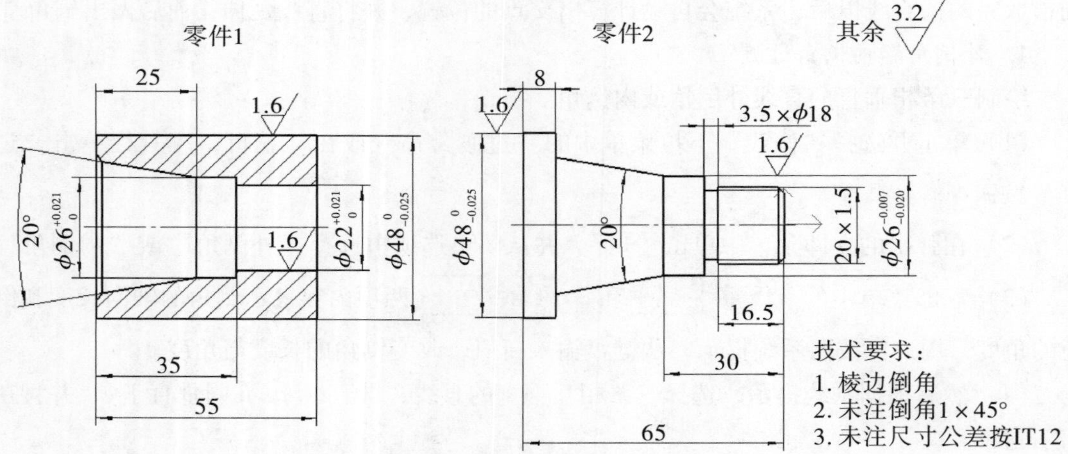

任务3 车铣复合车削中心加工

学习目标

（1）掌握 FANUC Series oi/TD 系统车铣复合车削中心操作面板上各功能按钮的含义、功能及基本操作。

（2）能够进行数控程序的手工输入与编辑。

（3）能够进行数控程序检验。

（4）会设定工件坐标系及对刀。

（5）能编制外圆锥面、正方形、多边形加工程序。

学习内容

一、车铣复合车削中心基本操作

（一）认识车铣复合车削中心

1. 车铣复合车削中心的机械结构

车铣复合车削中心主要由车床本体和数控系统两大部分组成。车床本体由床身、主轴（液压卡盘）、旋转刀架、动力头等组成，如图2－62所示。

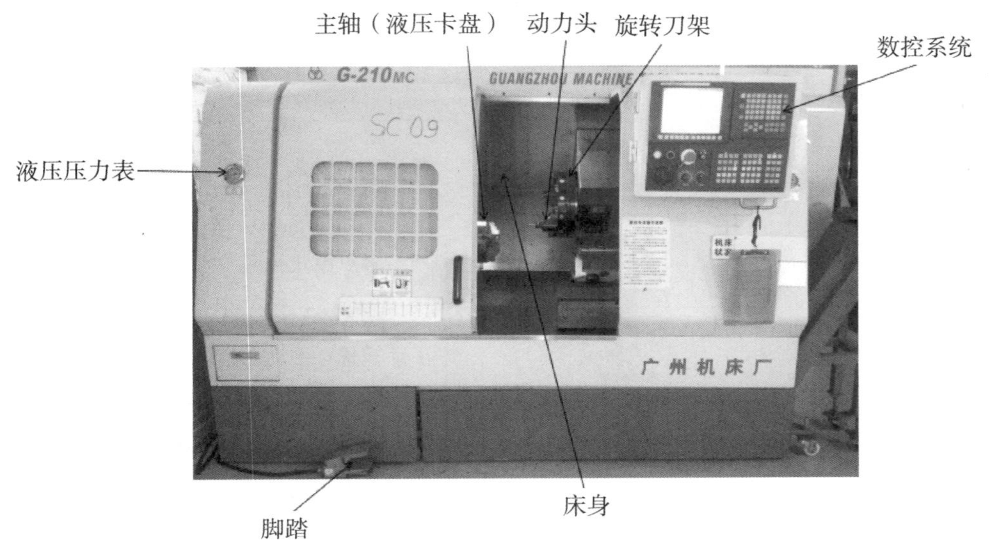

图2－62　G－210MC卧式车铣复合车削中心

2. 车铣复合车削中心操作面板

FANUC Series oi/TD 系统卧式车铣复合车削中心操作面板，如图 2 - 63 所示。常用按钮功能如表 2 - 16 所示，MDI 功能键操作面板如图 2 - 64 所示，各按键功能如表 2 - 17 所示。

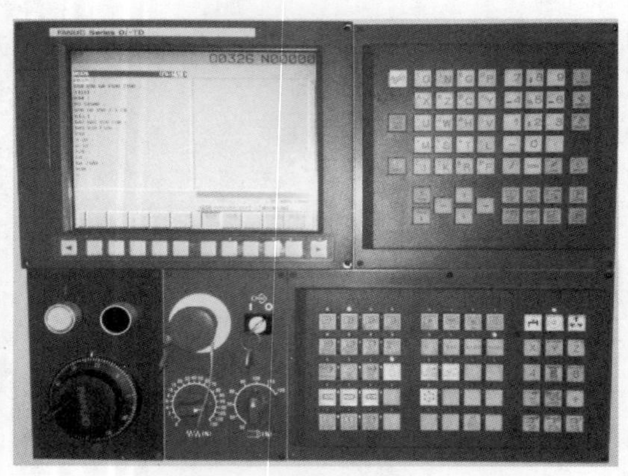

图 2 - 63　FANUC Series oi/TD 系统卧式车铣复合车削中心操作面板

表 2 - 16　G - 210MC 卧式车铣复合车削中心操作面板常用按钮功能

名称	功能键图	功能
模式选择按钮	AUTO	自动模式：自动运行加工操作
	EDIT	编辑模式：程序的输入及编辑操作
	MDI	MDI 录入模式：手动数据输入的操作
	REMOTE	数据接收模式：计算机传输程序操作
	REF	回参考点模式：回参考点（回零）操作
	JOG	手动模式：手动切削进给或手动快速进给
	HANDLE	手轮模式：手摇进给操作

（续上表）

名称	功能键图	功能
数控程序运行控制开关、手动移动机床台面按钮	SINGLE BLOCK	单段运行：该模式下每按一次循环启动按钮，机床将执行一段程序后暂停
	X Y Z	手动及手动 X 轴、Z 轴选择（Y 轴为空轴）
	4	C 轴选择：主轴旋转
手轮进给量控制	X 1　X10　X100　X1000	选择手轮进给时每一格的距离：0.001 mm、0.01 mm、0.1 mm、1 mm
移动方向控制	－　RAPID　＋	手动（手轮）模式下按－号键即可指定刀具靠近主轴方向，按＋号键即可指定刀具远离主轴方向，按下波浪键即是快速移动
主轴功能	SPDL CW　SPDL STOP　SPDL CCW	依次为：主轴正转、主轴停转、主轴反转
辅助功能	CW	按刀按钮
		依次为：冷却功能、液压启动按钮、主轴反撑按钮
升降速		依次为：进给升速、主轴升降速
加工按钮	CYCLE STOP　CYCLE START　PRG STOP	依次为：循环停止按钮、循环启动按钮、选择停止工作按钮
紧急停止与机床报警		当出现紧急情况而按下按钮时，在屏幕幕上出现“EMG”字样，机床报警指示灯亮
系统控制开关		依次为：NC 启动、NC 关闭
手轮		手轮方式

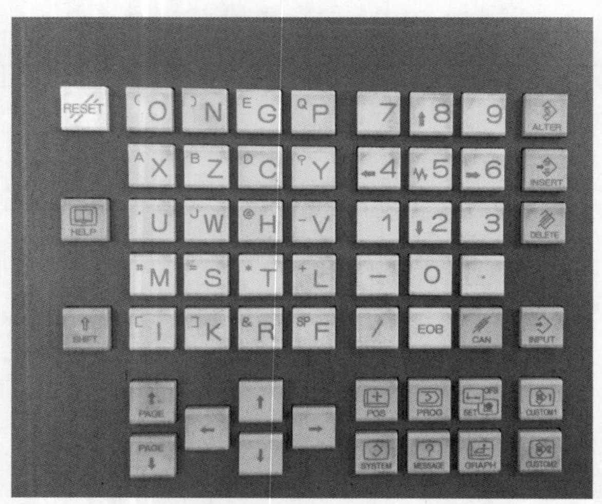

图 2－64　MDI 功能键操作面板

表 2－17　MDI 按键功能

名称	功能键图	功能
页面切换键	POS	位置键：按下其键，CRT 显示现在位置，共有 3 页，即相对页面、绝对页面、综合页面，通过翻页键转换
	PROG	程序键：用于显示 EDIT 方式下存储器里的程序；在 MDI 方式下输入及显示 MDI 数据：在编辑方式下显示程序指令值
	OFS SET	刀补键：显示、设定补偿量共用两项，形状值页面、磨损值页面
	MESSAGE	报警信息键：显示报警信息
	SYSTEM	参数设定键
编辑键	ALTER	修改键：编辑时程序、字段等的修改
	INSERT	插入键：编辑时程序、字段等的插入
	DELETE	删除键：编辑时程序、字段等的删除
	SHIFT	转换键：编辑时程序、字段等的转换
	CAN	取消键：消除输入缓冲寄存器中的字符或符号

（续上表）

名称	功能键图	功能
输入键	INPUT	用于输入参数，补偿量等数据，MDI 方式、编辑方式下程序段指令的输入
程序段结束键	EOB	用于程序段结束符“;”的输入
复位键	RESET	解除报警，CNC 复位

3. 程序输入与编辑

数控加工中，每一任务都涉及程序的输入与编辑，要能正确地进行程序的输入与编辑，就必须了解数控编程方法、特点及步骤，理解数控程序组成、程序段格式及数控系统常用功能等理论知识；掌握数控程序的输入、编辑、校验等操作技能。

可将如下程序输入数控装置，并进行程序校验，如图 2－65 所示。

O0326

G54 G98 G0 X100 Z100;

T1111;

M14;

M3 S1500;

G90 G0 X50 Z－1 C0;

G12.1;（极坐标启动）

G42 G01 X20 F80;

G01 X20 F100;

C10;

X－20;

C－10;

X20;

C0;

G0 Z100;

G13.1;（极坐标关闭）

M30。

%

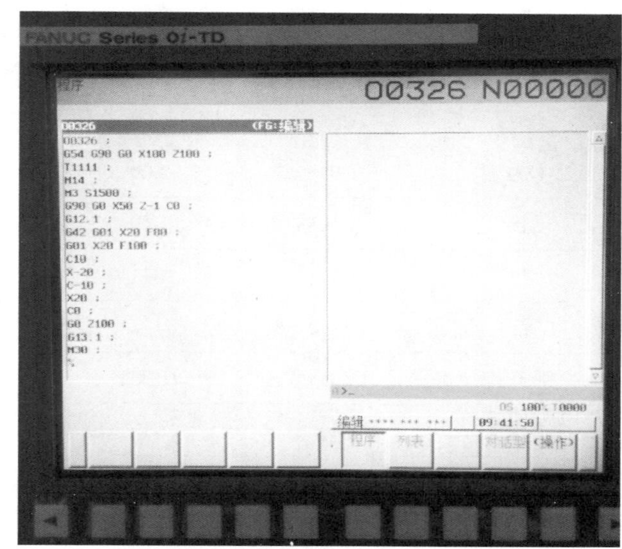

图 2－65 程序编辑操作界面图

4. 车铣复合车削中心编程指令功能介绍

数控系统常用的编程指令有准备功能、辅助功能、主轴功能、进给功能及刀具功能等，这些功能是编制加工程序的基础。

准备功能（预备功能）的指令由紧接地址 G 后的数值来表述，并决定包含在程序段中的指令的含义。FANUC Series oi/TD 系统 G 代码列表如表 2－18 所示。

表 2－18 FANUC Series oi/TD 系统 G 代码

G 代码体系			组	功能
A	B	C		
G00	G00	G00	01	定位、快速移动
G01	G01	G01		直线插补、切削进给
G02	G02	G02		圆弧插补 CW
G03	G03	G03		圆弧插补 CCW
G04	G04	G04	00	暂停
G05.4	G05.4	G05.4		HRV3 接通/断开
G07.1	G07.1	G07.1		圆柱插补
G08	G08	G08		提前预定控制
G09	G09	G09		准确停止
G10	G10	G10		可编程数据输入
G11	G11	G11		可编程数据输入取消
G12.1	G12.1	G12.1	21	极坐标插补方式
G13.1	G13.1	G13.1		极坐标插补取消方式
G17	G17	G17	16	XpYp 平面选择
G18	G18	G70		ZpXp 平面选择
G19	G19	G71		YpZp 平面选择
G20	G20	G70	06	英制数据输入
G21	G21	G71		公制数据输入
G22	G22	G22	09	存储行程检测功能 ON
G23	G23	G23		存储行程检测功能 OFF
G25	G25	G25	08	主轴速度变动检测 OFF
G26	G26	G26		主轴速度变动检测 ON

（续上表）

G代码体系			组	功能
A	B	C		
G27	G27	G27	00	返回参考点检测
G28	G28	G28		返回至参考点
G30	G30	G30		返回第2、第3、第4参考点
G31	G31	G31		跳过功能

辅助功能又称M指令或M功能，它是用来控制机床辅助动作的一种指令，如主轴的正转、反转、停止，切削液的开、关，工件的夹紧、松开以及换刀等。M指令由地址M及其后面的两位数字组成，从M00～M99共100种。不同的数控系统，M指令的功能可能会有所不同，FANUC Series oi/TD系统常用M指令如表2－19所示。

表2－19　FANUC Series oi/TD系统常用M指令

序号	指令	功能	序号	指令	功能
1	M00	程序暂停	7	M08	切削液开
2	M0	程序选择停止	8	M09	切削液关
3	M02	程序结束	9	M30	程序结束
4	M03	主轴正转	10	M98	调用子程序
5	M04	主轴反转	11	M99	返回主程序
6	M05	主轴停转			

（二）车铣复合车削中心的对刀

1．设置工件坐标系

编制数控加工程序时，首先要建立一个工件坐标系，程序中的坐标值均以此坐标为依据。工件坐标系是编程人员在编程时设定的坐标系，也称为编程坐标系。工件坐标系建立后便一直有效，直到被新的工件坐标系取代。

工件坐标系原点也称为工件原点或编程原点。车铣复合车削中心工件坐标系原点选取如图2－66所示。X轴方向选在工件的回转中心，而Z轴方向选在工件的右端面O点或左端面O_1点。

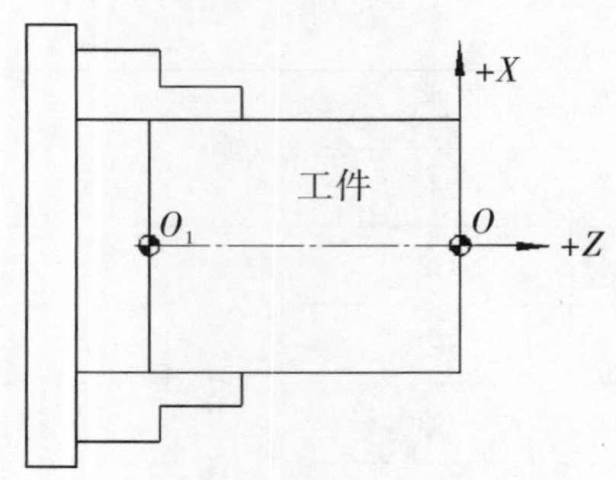

图2-66　工件坐标系原点的设置

可以直接用外圆车刀试切对刀来确定工件坐标系原点，本书后面各实例加工中都是采取这种对刀方法。

如图2-67要确定O为原点，先用外圆刀车端面，记住当前Z轴坐标位置，并按刀补键的形状偏置页面输入Z_0，然后按下测量按钮；X轴方向退刀后，沿Z轴方向切进一段距离以试车外圆，测量X值（外圆直径值），并按刀补键的形状偏置页面输入X值，然后按下测量按钮。这样就确定了图2-68中的O点为工件原点。

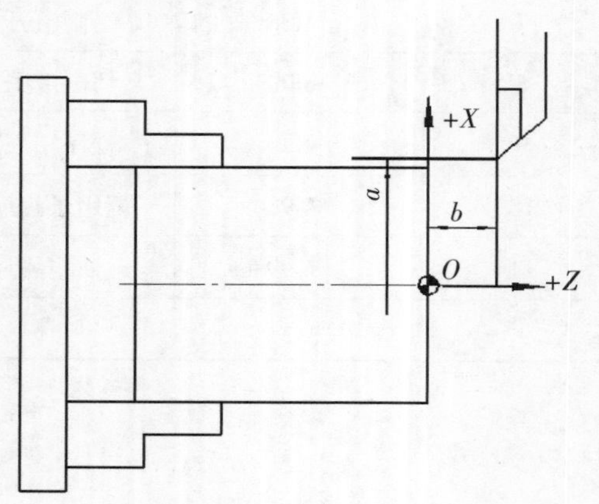

图2-67　在刀补形状页面设置工件坐标系

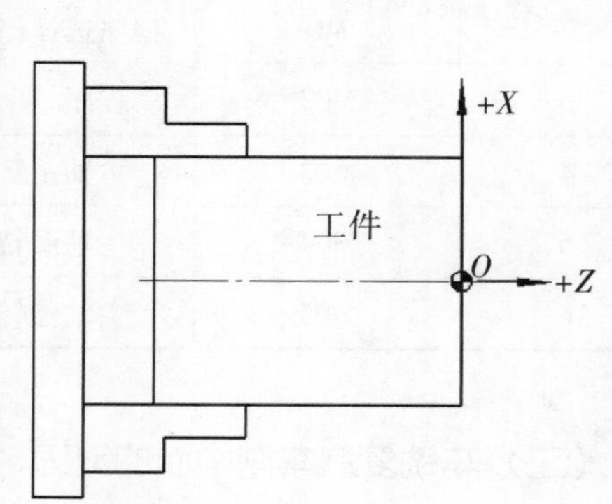

图2-68　工件坐标系原点的设置

2. 刀具补偿

车铣复合车削中心的刀具补偿分为刀具位置补偿及刀尖圆弧半径补偿两类。

（1）刀具位置偏置。

通常加工一个工件要用几把刀具。每把刀具具有不同的长度，按照不同的刀具改变程序是一件麻烦的事。因此，我们选择某一标准刀具，事先测量该刀具前端位置与将要使用的各刀具前端位置之差。如果将测得的值设定在CNC中，即使更换刀具，也可不必改变程序进行加工。这一功能叫做刀具位置偏置。

（2）刀具位置补偿。

刀具位置补偿功能是这样一种功能，它用来补偿实际使用的刀具与编程时使用的假想刀具（通常是标准刀具）之间的差异，如图2－69所示。

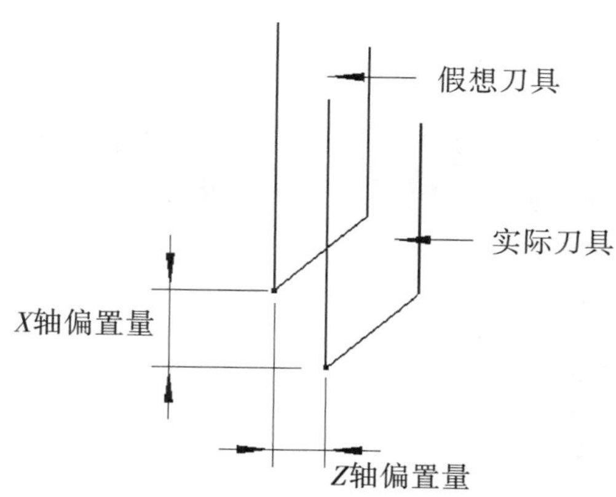

图2－69 刀具位置补偿

（3）刀尖圆弧半径补偿（G40～G42）的概括说明。

由于在圆弧切削和锥度切削时刀尖的圆度，只用刀具位置偏置功能进行补偿，很难达到精密零件的要求。刀尖圆弧半径补偿功能可自动补偿上述误差，如图2－70所示。

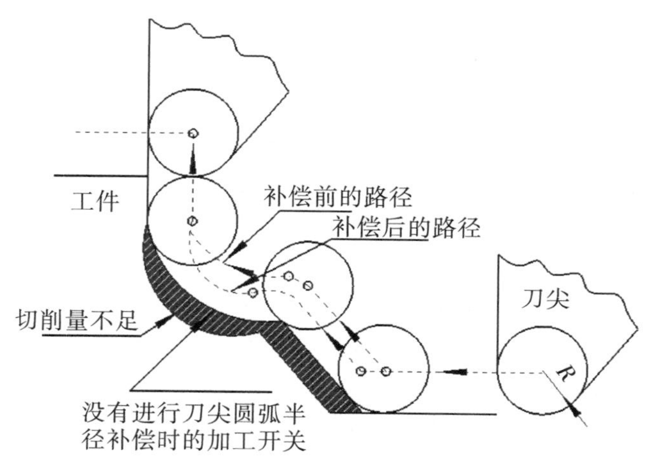

图2－70 刀尖圆弧半径补偿的刀具路径

3．车铣复合车削中心刀具对刀

（1）车铣复合车削中心加工时常用试切对刀法，试切对刀的操作步骤如下：

①在MDI方式下调用刀具及启动主轴。

模式按键选 MDI 录入方式，按下程序健 ，向上或向下翻页，进入如图 2－71 所示操作界面。录入“T0100”，按输入键 ，再按启动键，1 号刀转到当前加工位置。录入“M03 S600”，按输入键 ，再按启动键，使主轴按指定转速正转。

②对刀并设置 X、Z 轴方向的刀具偏移值。

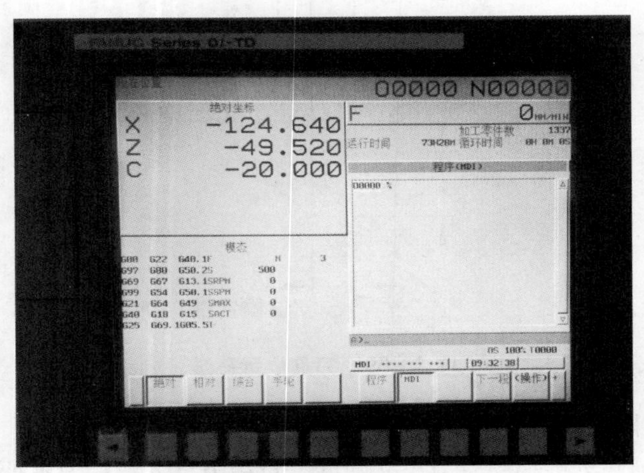

图 2－71　MDI 录入方式操作界面

（2）对 1 号刀，有两种方式。

①在手轮或手动方式下对刀。如以手轮方式为例，按下手轮按钮键→按 X 轴或 Z 轴键选择相应的移动轴→摇动手轮靠近工件→试切工件右端面（如图 2－72）→Z 轴方向不动，沿 X 轴方向退刀→按下刀补按钮键翻页到刀补形状偏置页面（如图 2－73 所示界面）。找到对应刀号 Z 轴→按 0.0 输入。

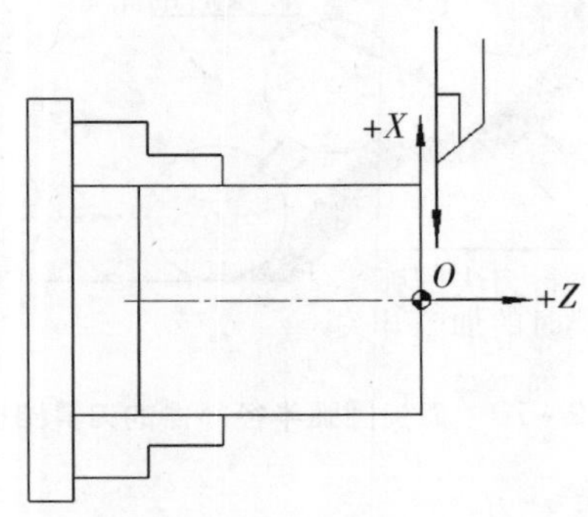

图 2－72　Z 轴方向试切对刀

②在手轮或手动方式下对刀。按下手轮按钮键→按 Z 轴键移动轴→摇动手轮试切工件外圆（如图 2－72）→X 轴方向不动，沿 Z 轴方向退刀→按下复位键→测量外圆直径（假

设测量出直径为29.30 mm）→按刀补按钮键翻页到刀补形状偏置页面（如图2－73所示界面）。找到对应刀号 X 轴→按29.30输入。

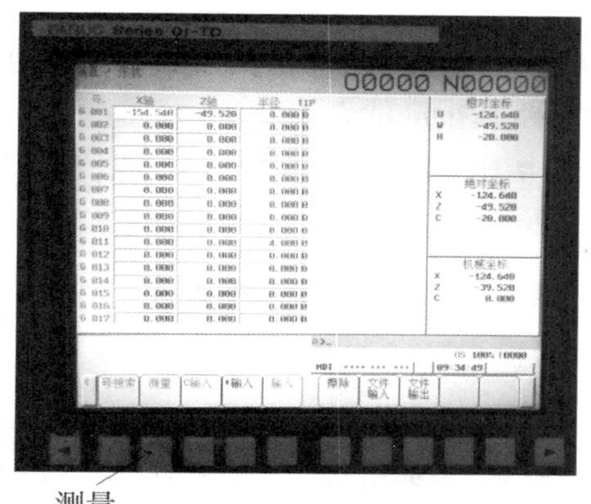

图2－73 刀补形状偏置页面

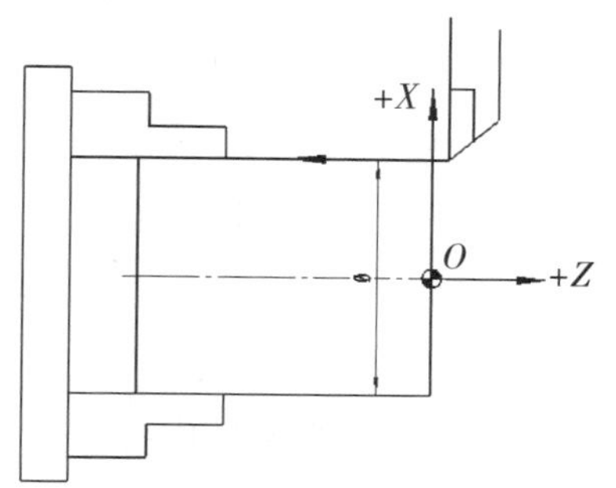

图2－74 X 轴方向试切对刀

完成上述步骤后，如图2－74所示的右端面中心就被确定为工件坐标系原点，就建立了以 O 为原点的工件坐标系。

二、外圆与正方形零件加工

（一）任务描述

零件如图2－75所示，工件毛坯为50 mm×80 mm，工件材料为45钢，试正确加工出该零件。

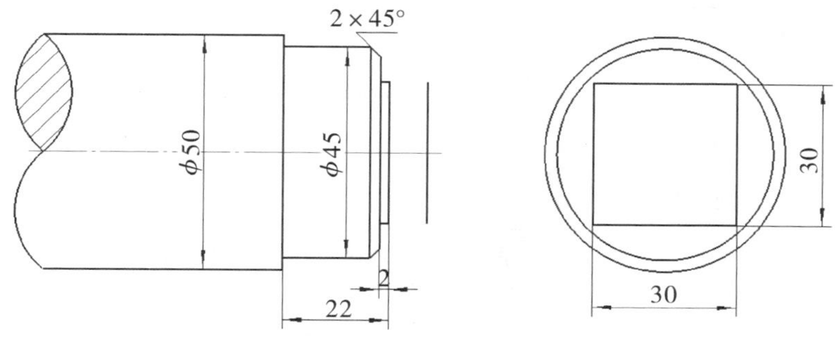

图2－75 外圆与正方形加工程序实例

要能正确地加工出该零件，必须了解数控加工步骤，会正确分析零件数控工艺，懂得加工具体操作。本任务的具体步骤为：工艺分析→程序编制→程序输入→工件与刀具装夹→对刀→自动运行加工零件。

（二）任务实施

1．刀具及切削参数的选择

由于工件的材料为45钢，考虑到刀具的硬度以及切削速度，刀具的材料选用硬质合金。所选用的刀具1号刀为90°外圆车刀，12号刀为直径12 mm的立铣刀。

粗加工过程中需要提高效率，综合其他因素，推荐选用主轴转速 $n=600$ r/min，进给速度 $F=200$ mm/min，背吃刀量 $ap=2$ mm。

精加工时，为保证表面质量，又考虑到进给量小、切削力小等因素，推荐选用主轴转速 $n=1\ 000$ r/min，进给速度 $F=100$ mm/min，背吃刀量 $ap=0.3$ mm。

2．编写及录入程序

选择工件右端回转中心为工件编程原点，采用G90指令来编写数控粗车程序，工件的加工程序如表2-20所示。

表2-20　工件加工参考程序

程序段号	加工程序	程序说明
	O0001	程序号
N10	G98 G40 G00 X100 Z100	程序初始化设定安全位置
N20	T0101	调用1号刀外圆车刀，取1号刀补
N30	M03 S600	主轴正转
N40	G00 X50 Z2	快速到达循环起点
N50	G90 X45.3 Z-22 F200	采用G90指令粗车直径45 mm外圆柱面
N60	M03 S1000	精加工转速
N70	G01 X41 Z0 F100	精车直径45 mm外圆柱面
N80	X45 Z-2	
N90	Z-22	
N100	G00 X100 Z100	返回换刀点
N110	T1212	调用12号刀立铣刀，取12号刀补
N120	M14	铣削动力头启动
N130	M3 S800	铣削正转
N140	G90 G0 X100 C0 Z-2	快速到达循环起点
N150	G12.1	开始极坐标插补

（续上表）

程序段号	加工程序	程序说明
	O0001	程序号
N160	G42 G01 X30 F80	执行刀具半径左补偿
N170	C15	铣削加工
N180	X－30	
N190	C－15	
N200	X30	
N210	G40 X100	取消半径补偿功能
N220	G13.1	取消极坐标插补
N230	G0 Z100	退刀
N240	M30	程序结束

3. 加工操作

（1）量具的清单如表2－21所示。

（2）开机回机床参考点，建立机床坐标系。

（3）用液压卡盘装夹工件，露出加工部位长度约50 mm。

（4）试切对刀，外圆车刀如图2－76所示的右端面中心确定为工件坐标系原点，建立以 O 为原点的工件坐标系。立铣刀对刀如图2－77所示的右端面中心确定为工件坐标系原点，建立以 O 为原点的工件坐标系。

表2－21 量具清单

序号	量具	规格（mm）	数量
1	外径千分尺	0～25	1
2	外径千分尺	25～50	1
3	游标卡尺	0～150	1

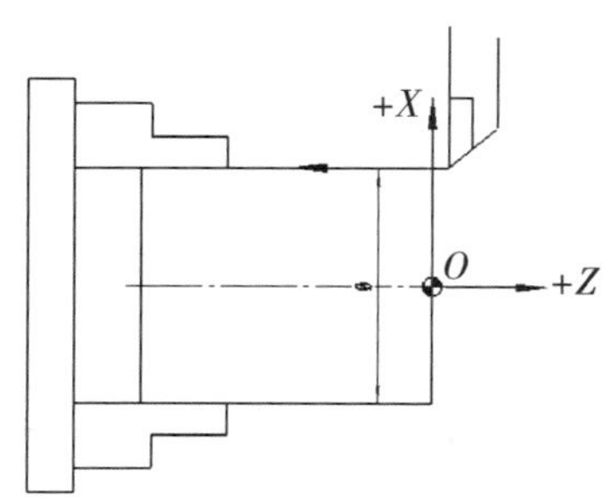

图2－76 外圆车刀试切对刀

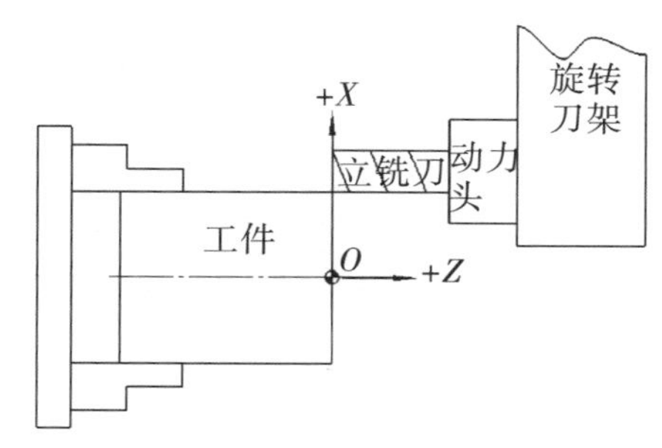

图2－77 立铣刀试切对刀

4. 检测评分

将任务完成情况的检测记录与评价得分填入表 2-22 中。

表 2-22 简单车铣零件加工检测评价表

序号	项目	技术要求	配分	评分标准	检测记录	得分
1	加工操作	直径 45 mm 外圆尺寸正确	15	不正确全扣		
2		正方形 30 mm×30 mm 尺寸正确	15	不正确全扣		
3		2 mm 及 22 mm 长度尺寸正确	10	不正确全扣		
4		表面粗糙度好	10	每降一级不得分		
5	机床操作	对刀及坐标系设定	10	每错一处扣 2 分		
6		机床面板操作正确	10	每错一处扣 2 分		
7		手动操作不出错	10	每错一处扣 2 分		
8	文明生产	安全操作	10	出错全扣		
9		机床 6S 整理	10	不合格全扣		
总分						

5. 任务反馈

任务完成后对加工完成的零件进行测量，与图纸要求进行比较，分析误差产生的原因以及制定修正措施，将修正措施填入表 2-23 中。

表 2-23 简单车铣零件加工任务反馈表

误差项目	产生原因	修正措施
直径 45 mm 和正方形 30 mm×30 mm 尺寸误差	刀具刚性差，刀具加工过程中产生振动	
2 mm 及 22 mm 长度尺寸误差	机床几何误差	
圆柱度 平行度 垂直度	工件校正不正确，造成加工面与基准面不平行	
	切削用量选择不当，导致切削力过大而产生工件变形	
	夹具本身的精度误差	
表面粗糙度	切削速度选择不合理，产生积屑瘤	
	加工过程中刀具停顿	

三、多边形零件加工

（一）任务描述

使用 FANUC Series oi/TD 系统车铣复合车削中心加工如图 2－78 所示工件，工件毛坯为 ϕ50 mm×100 mm 的棒料，材料为 45 钢。

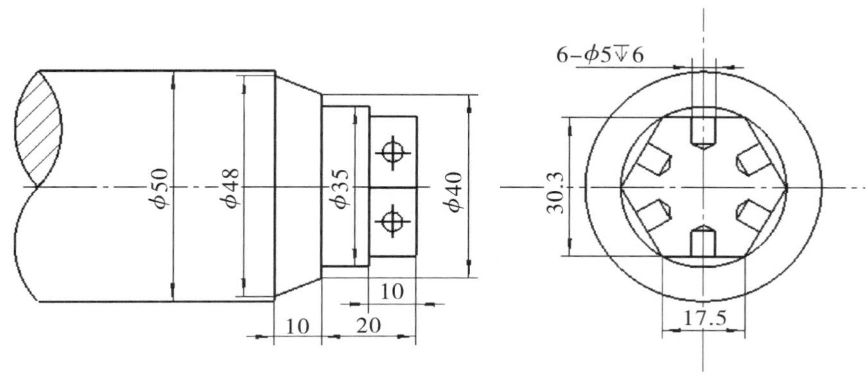

图 2－78　多边形零件

（二）任务实施

1. 刀具及切削参数的选择

（1）由于工件的材料为 45 钢，考虑到刀具的硬度以及切削速度，刀具的材料选用硬质合金。所选用的刀具 1 号刀为 90°外圆车刀，12 号刀为直径 12 mm 的立铣刀，5 号刀为 ϕ5 mm的麻花钻。

（2）粗加工过程中需要提高效率，综合其他因素，推荐选用主轴转速 $n=600$ r/min，进给速度 $F=200$ mm/min，背吃刀量 $ap=2$ mm。

（3）精加工时，为保证表面质量，又考虑到进给量小、切削力小等因素，推荐选用主轴转速 $n=1\ 000$ r/min，进给速度 $F=100$ mm/min，背吃刀量 $ap=0.3$ mm。

2. 编写及录入程序

选择工件右端回转中心为工件编程原点，采用 G71、G12.1 等指令来编写数控程序，工件的加工程序如表 2－24 所示。

表 2－24　零件加工参考程序

程序段号	加工程序	程序说明
	O0001	
N10	G54 G98 G00 X100 Z100 M03 S600	程序初始化设定换刀点主轴正转
N20	T0101	调用 1 号刀外圆车刀
N30	G00 X50 Z2	定位到循环起点
N40	G71 U2 R1	粗车循环
N50	G71 P60 Q20 U0.5 F200	
N60	G0 X35	精加工轨迹描述
N70	G01 Z－20 F100	
N80	X40	
N90	X48 Z－30	
N100	X50	
N110	T0101	调用 1 号刀
N120	G0 X50 X2 M03 S1000	快速定位至循环起点主轴正转
N130	G70 P60 Q100 F100	精车循环
N140	G0 X100 Z100	退回换刀点
N150	T1212	调用 12 号刀立铣刀
N160	M14	动力头开
N170	M3 S1000	启动动力头正转
N180	G90 G0 X100 C0 Z－10	定位铣削加工起点
N190	G12.1	开始极坐标插补
N200	G42 G01 X35 F100	执行刀具半径补偿
N210	C15.15	铣削加工
N220	X－8.25	
N230	X－35 C0	
N240	X－8.25 C－15.15	
N250	X8.25	
N260	X35 C0	

（续上表）

程序段号	加工程序	程序说明
	O0001	
N270	G40 X100	退刀
N280	G13.1	取消极坐标插补
N290	G0 Z100	退回换刀点
N300	M05	停主轴
N310	T0505	调用5号刀麻花钻
N320	M03 S800	动力头正转
N330	G0 X50 Z－5	定位循环起点
N340	G01 C0 F100	*C* 轴旋转
N350	G94 X28 F80	开始钻削加工
N360	G01 C60 F100	
N370	G94 X28 F80	
N380	G01 C1200 F100	
N390	G94 X28 F80	
N400	G01 C1800 F100	
N410	G94 X28 F80	
N420	G01 C240 F100	
N430	G94 X28 F80	
N440	G01 C300 F100	
N450	G94 X28 F80	
N460	G0 X100	退刀
N470	Z100	
N480	M30	程序结束

3. 加工操作

(1) 量具的清单如表2－25所示。

表2－25 量具清单

序号	量具	规格（mm）	数量
1	外径千分尺	0～25	1
2	外径千分尺	25～50	1
3	游标卡尺	0～150	1

(2) 开机回机床参考点，建立机床坐标系。

(3) 用液压卡盘装夹工件，露出加工部位长度约50 mm。

(4) 试切对刀，外圆车刀如图2－79所示的右端面中心确定为工件坐标系原点，建立以O为原点的工件坐标系。立铣刀对刀如图2－79所示的右端面中心确定为工件坐标系原点，建立以O为原点的工件坐标系。

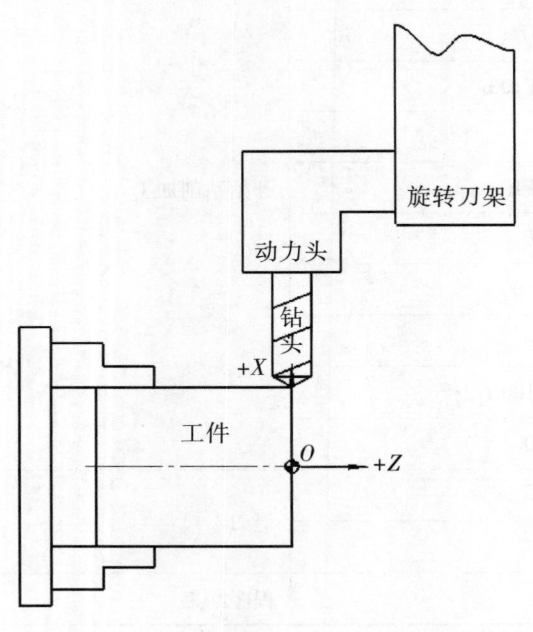

图2－79 钻头对刀示意图

钻铣削刀具的对刀步骤：

①车铣复合车削中心加工时常用试切对刀法，钻头（铣刀）试切对刀的操作步骤如下：

a. 在MDI方式下调用刀具及启动主轴。

b. 模式按键选 MDI 录入方式，按下程序键 ，向上或向下翻页，进入如图 2－71 所示操作界面。

c. 录入 T0505，按输入键 ，再按启动键，5 号刀转到当前加工位置。录入 M03 S600，按输入键 ，再按启动键，使主轴按指定转速正转。

②对刀具设置 X、Z 轴方向的刀具偏移值。

在手轮或手动方式下对刀，如以手轮方式为例，按下手轮按钮键→按 X 轴或 Z 轴键选择相应的移动轴→摇动手轮靠近工件→试切工件右端面→X、Z 轴方向不动→按下刀补按钮键翻页到刀补形状偏置页面，找到对应刀号 X 轴、Z 轴→X 轴输入直径值测量、Z 轴输入 Z0.0 测量。

4. 检测评分

将学生任务完成情况的检测记录与评价得分填入表 2－26 中。

表 2－26 加工检测评价表

序号	项目	技术要求	配分	评分标准	检测记录	得分
1	加工操作	ϕ35 mm 外圆尺寸正确	10	不正确全扣		
2		六边形尺寸正确	10	不正确全扣		
3		10 mm 及 20 mm 长度尺寸正确	10	不正确全扣		
4		6－ϕ5 沉孔尺寸位置正确	10	每错一处扣 2 分		
5		表面粗糙度好	10	每降一级不得分		
6	机床操作	对刀及坐标系设定	10	每错一处扣 2 分		
7		机床面板操作正确	10	每错一处扣 2 分		
8		手动操作不出错	10	每错一处扣 2 分		
9	文明生产	安全操作	10	出错全扣		
10		机床 6S 整理	10	不合格全扣		
总分						

5. 任务反馈

任务完成后对加工完成的零件进行测量，与图纸要求进行比较，分析误差产生的原因以及制定修正措施，将修正措施填入表 2－27 中。

表 2 – 27 加工任务反馈表

误差项目	产生原因	修正措施
ϕ45 mm 和六边形尺寸误差 10 mm 及 10 mm 长度尺寸误差 一般尺寸误差	刀具刚性差，刀具加工过程中产生振动 刀具在使用过程中产生磨损 机床几何误差	
圆柱度 平行度 垂直度 全跳动	工件校正不正确，造成加工面与基准面不平行 切削用量选择不当，导致切削力过大，而产生 工件变形 夹具本身的精度误差	
表面粗糙度	切削速度选择不合理，产生积屑瘤 加工过程中刀具停顿 精加工余量选择过大或过小	

四、相关知识

（一）外圆切削循环指令（G90）

1. 指令格式

G90 X（U）_Z（W）_F _；（圆柱面切削循环）

G90 X（U）_Z（W）_R _F _。（圆锥面切削循环）

式中：*X*、*Z*——为圆柱面切削终点坐标值；

U、*W*——为切削终点相对循环起点的增量值；

R——为圆锥面切削始点与圆锥面切削终点的半径差，有正负号（外圆切削循环，则 $R=0$）；

F——为进给速度。

2. 切削循环轨迹

圆柱面切削循环轨迹如图 2 – 80 所示，刀具从程序起点 *A* 开始以 G00 方式径向移动至指令中的 *X* 坐标处（图中 *B* 点），再以 G01 的方式切削进给至终点坐标处（图中 *C* 点），然后退至循环开始的 *X* 坐标处（图中 *D* 点），最后以 G00 方式返回循环起始点 *A* 处，准备下个动作。

指令说明：

（1）G90 是模态指令，*X*（*U*）、*Z*（*W*）或 *R* 在固定循环期间是模态的，如果没有重新指令 *X*（*U*）、*Z*（*W*）或 *R*，则原来指定的数值有效。

（2）*R* 正负的规定：锥面起点 *X* 坐标大于终点 *X* 坐标时为正，反之为负。

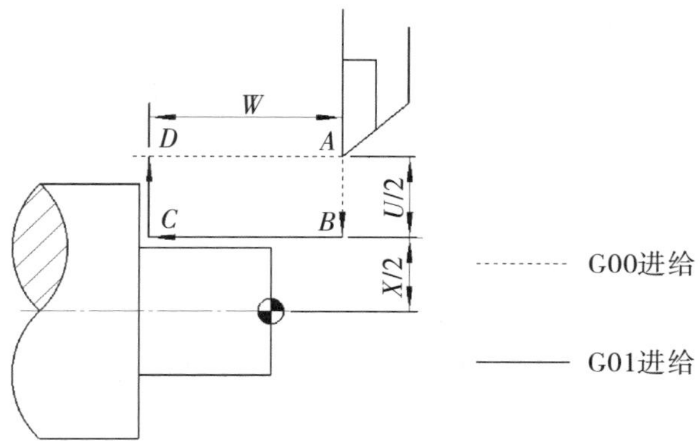

图2-80 圆柱面切削循环

（二）极坐标插补（G12.1，G13.1）

极坐标插补是一种轮廓控制，它把在笛卡尔坐标系内的编程指令转换为直线轴的移动（刀具的移动）和旋转轴的移动（工件的旋转）。其对车削加工中的正面切口加工和凸轮轴的磨削等有效。

格式：G12.1 成为极坐标插补方式（进行极坐标插补）；

G13.1 取消极坐标插补方式（不进行极坐标插补）；

G12.1，G13.1 由单程序段指定。

举例：

如图2-81所示，基于 *X* 轴直线轴和假想轴的笛卡尔坐标中的极坐标插补程序，*X* 轴为直径指定，*C* 轴为半径指定。

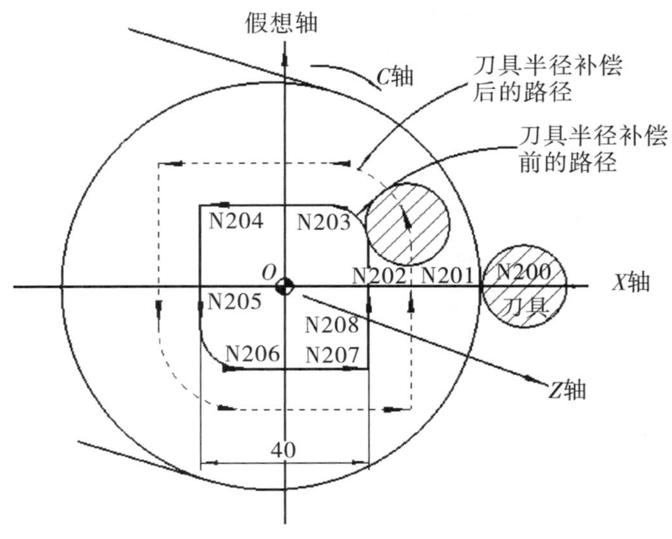

图2-81 极坐标插补

程序如下：

O0001；

…

N010 T0101；

…

N0100 G90 G00 X120. 0 C0；（*Z* 向开始位置的定位）

N0200 G121；（开始极坐标插补）

N0201 G42 G01 X40. 0；［*F* 形状程序（基于 *X* 轴和假想的笛卡尔坐标平面中的值的程序）］

N0202 C10. 0；［*C* 轴点（为半径值）］

N0203 G03 X20. 0 C20. 0 R10. 0；

N0204 G01 X－40. 0；

N0205 C－10. 0；

N0206 G03 X－20. 0 C－20. 0 R100；

N0207 G01 X40. 0；

N0208 C0；

N0209 G40 X120. 0；

N0210 G13. 1；（取消极坐标插补）

N0300 Z；

N0400 XC；

…

N0900 M30。

（三）轴向粗加工循环指令（G71）

G71 U（d）R（e）

G71 P（ns）Q（nf）U（u）W（w）F（f）

ns～*nf* 用以描述精加工轨迹。

式中：*d*——循环切削过程中的径向背吃刀量（半径值，无正负之分）；

e——循环切削过程中的径向退刀量（半径值，无正负之分）；

U——*X* 方向的精车余量（直径值，切削内孔时为负）；

w——*w* 方向的精车余量；

ns——精加工轨迹起始程序段段号；

nf——精加工轨迹结束程序段段号；

f——进给速度。

如图 2 - 82 所示工件，要求编制 A 点到 B 点的加工程序，已知切削深度为 2 mm，退刀量为 1 mm，X 轴方向精加工余量为 0.5 mm，Z 轴方向精加工余量为 0.15 mm。

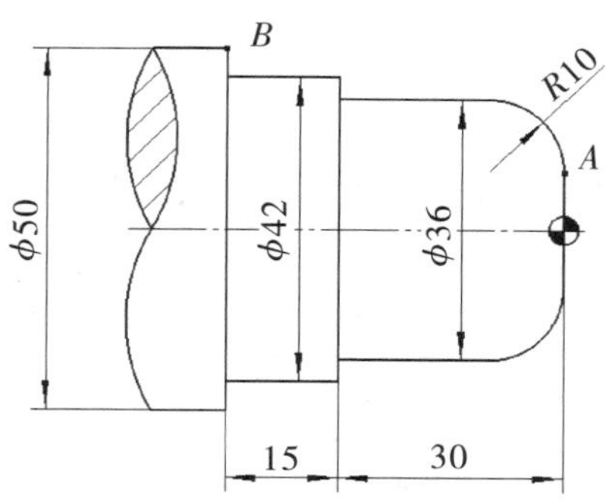

图 2 - 82 轴向粗加工

程序如下：

```
O0001;
G98 G00 X100 Z100 M3 S600;
T0101;
G00 X52.0 Z2.0;
G71 U2.0 R1.0;
G71 P1 Q2 U0.5 W0.15 F100;
N1 G0 X16.0;
G01 Z0 F50;
G03 X36.0 Z-10.0 R10.0;
G01 Z-30.0;
X42.0;
Z-45.0;
N2 X50.0;
…
```

练习与思考

1. 采用 G90、G12.1、G13.1 指令编写下图所示工件的车铣复合零件加工程序，毛坯为 φ50 mm×80 mm 的 45 钢。

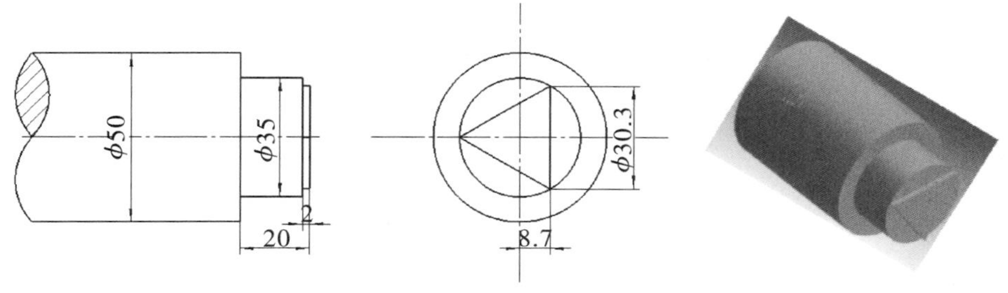

2．采用 G71、G12.1、G13.1 指令编写下图所示工件的车铣复合零件加工程序，毛坯为 ϕ50 mm×80 mm 的 45 钢。

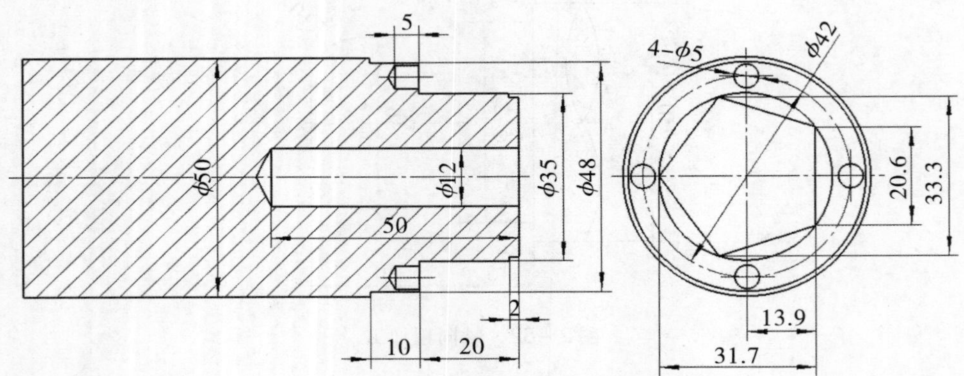

中级数控车工理论样题

一、单选题

1. 采用轮廓数控的数控机床是（　　）。

A. 数控钻床　　B. 数控铣床　　C. 数控注塑机床　　D. 数控平面床

2. Auto CAD 用 line 命令连续绘制封闭图形时，敲（　　）字母回车而自动封闭。

A. C　　B. D　　C. E　　D. F

3. 指令 G28 X100 Z50，其中 X100 Z50 是指返回路线的（　　）坐标值。

A. 参考点　　B. 中间点　　C. 起始点　　D. 换刀点

4. 企业文化的整合功能指的是它在（　　）方面的作用。

A. 批评与处罚　　B. 凝聚人心　　C. 增强竞争意识　　D. 自律

5. 内径百分表的功用是度量（　　）。

A. 外径　　B. 内径　　C. 外槽径　　D. 槽深

6. 用圆弧插补（G02、G03）指令绝对编程时，X、Z 是圆弧（　　）坐标值。

A. 起点　　B. 直径　　C. 终点　　D. 半径

7. 在 FANUC 车削系统中，G92 是（　　）指令。

A. 设定工件坐标　　B. 外圆循环　　C. 螺纹循环　　D. 相对坐标

8. 圆弧插补的过程中数控系统把轨迹拆分成若干微小（　　）。

A. 直线段　　B. 圆弧段　　C. 斜线段　　D. 非圆曲线段

9. 当主运动的速度最高时，消耗功率（　　）。

A. 最小　　B. 最大　　C. 一般　　D. 不确定

10. 数控机床常见的机械故障表现有转动噪声大和（　　）等。

A. 系统不稳定　　B. 插补精度差　　C. 运行阻力大　　D. 电子器件损坏

11. 下列保养项目中，（　　）不是半年检查的项目。

A. 机床电流电压　　B. 液压油　　C. 邮箱　　D. 润滑油

12. 金属在断裂前吸收变性能量的能力是刚的（　　）。

A. 强度和塑性　　B. 韧性　　C. 硬度　　D. 疲劳强度

13. 机械加工表面质量中表面层的几何形状特征不包括（　　）。

A. 表面加工纹理　　B. 表面波度

C. 表面粗糙度　　D. 表面层的残余应力

14. 主轴在转动时若有一定的径向圆跳动，则工件加工后会产生（　　）的误差。

A. 垂直度　　B. 同轴度　　C. 斜度　　D. 粗糙度

15. 程序段序号通常用（　　）位数字表示。

A. 8　　B. 10　　C. 4　　D. 11

16. 使用深度千分尺测量时，不需要做（　　）。

A. 清洁地板测量面、工件的被测量面

B. 测量杆中心轴线与被测工件测量面保持垂直

C. 去除测量部位毛刺

D. 抛光测量面

17. 机械制造中优先选用的孔公差带为（　　）。

A. H7　　B. h7　　C. D2　　D. H2

18. 由机床档块和行程开关决定的位置称为（　　）。

A. 机床参考点　　B. 机床坐标原点　　C. 机床换刀点　　D. 编程原点

19. 当数控机床的手动脉冲发生器的选择开关位置在 X1 时，通常情况下手轮的进给单位是（　　）。

A. 0.001 mm/格　　B. 0.01 mm/格　　C. 0.0 mm/格　　D.1 mm/格

20. 中碳结构钢制作的零件通常在（　　）进行高温回火，以获得适宜的强度与韧性的良好配合。

A. 200℃～300℃　　B. 300℃～400℃　　C. 500℃～600℃　　D. 150℃～250℃

21. 手工建立新的程序时，必须最先输入的是（　　）。

A. 程序段号　　B. 刀具号　　C. 程序名　　D. 代码

22. 车削细长轴类零件，为减少 Fr，主偏角 Kr 选用（　　）为宜。

A. 30°外圆车刀　　B. 45°弯头刀　　C. 75°外圆车刀　　D. 90°外圆车刀

23. 电机常用的制动方法有（　　）制动和电力制动两大类。

A. 发电　　B. 能耗　　C. 反转　　D. 机械

24. 车细长轴时可用中心架和跟刀架来增加工件的（　　）。

A. 硬度　　B. 韧性　　C. 长度　　D. 刚性

25. 在同一程序段中，有关指令的使用方法，下列选项说法错误的是（　　）。

A. 同组 G 指令，全部有效　　B. 同组 G 指令，只有一个有效

C. 非同组 G 指令，全部有效　　D. 两个以上 M 指令，只有一个有效

26. 数控车床较长期闲置时最重要的是对机床定时（　　）。

A. 清洁除尘　　B. 加注润滑油　　C. 给系统通电防潮　　D. 更换电池

27. 数控车床上快速夹紧工件的卡盘大多采用（　　）。

A. 普通三爪卡盘　　B. 液压卡盘　　C. 电动卡盘　　D. 四爪卡盘

28. 坐标进给是根据判别结果，使刀具向 Z 或 Y 轴方向移动一（　　）。

A. 分米　　B. 米　　C. 步　　D. 段

29. 刀尖半径左补偿方向的规定是（　　）。

A. 沿刀具运动方向看，工件位于刀具左侧

B. 沿工件运动方向看，工件位于刀具左侧

C. 沿工件运动方向看，刀具位于工件左侧

D. 沿刀具运动方向看，刀具位于工件左侧

30. 断电后计算机信息依然存在的部件为（　　）。

A. 寄存器　　B. RAM 存储器　　C. ROM 存储器　　D. 运算器

31. 指令 G25 X100 Z50 其中 X100 Z50 是指返回路线的（　　）坐标值。

A. 参考点　　B. 中间点　　C. 起始点　　D. 换刀点

32. 暂停指令 G04 用于中断进给，中断时间的长短可以通过地址 X（U）或（　　）来指定。

A. T　　B. P　　C. O　　D. V

33. 麻花钻的两个螺旋槽表面就是（　　）。

A. 主后刀面　　B. 副后刀面　　C. 前刀面　　D. 切削平面

34. 零件有上、下、左、右、前、后六个方位，在主视图上能反映零件的（　　）方位。

A. 上下和左右　　B. 前后和左右　　C. 前后和上下　　D. 左右和上下

35.《公民道德建设实施纲要》提出，要充分发挥社会主义市场经济机构的积极作用，人们必须增强（　　）。

A. 个人意识、协作意识、效率意识、物质利益观念、改革开放意识

B. 个人意识、竞争意识、公平意识、民主法制意识、开拓创新精神

C. 自立意识、竞争意识、效率意识、民主法制意识、开拓创新精神

D. 自立意识、协作意识、公平意识、物质利益观念、改革开放意识

36. 在等误差法直线段逼近的节点计算中，任意相邻两节点间的逼近误差为（　　）误差。

A. 等　　B. 圆弧　　C. 点　　D. 三角形

37. G 代码表中的 00 组的 G 代码属于（　　）。

A. 非模态指令　　B. 模态指令　　C. 增量指令　　D. 绝对指令

38. 前置刀架数控车床上用正手车刀车削外圆，刀尖半径补偿方位号应该是（　　）。

A. 1　　B. 2　　C. 3　　D. 4

39. 车削锥度和圆弧时，如果刀具半径补偿存储器中 *R* 输入正确值而刀尖方位号 *T* 未输入正确值，则影响（　　）精度。

A. 尺寸　　B. 位置

C. 表面　　D. 尺寸、位置、表面都不对

40. 下面说法不正确的是（　　）。

A. 进给量越大表面 *Ra* 值越大

B. 工件的装夹精度影响加工精度

C. 工件定位前须仔细清理工件和夹具定位部位

D. 通常加工时的 F 值大于粗加工时的 F 值

41. 使工件与刀具产生相对运动以进行切削的最基本运动，称为（　　）。

A. 主运动　　B. 进给运动　　C. 辅助运动　　D. 切削运动

42. 凡是绘制了视图、编制了（　　）的图纸称为样图。

A. 标题栏　　B. 技术要求　　C. 尺寸　　D. 图号

43. 按断口颜色铸铁可分为（　　）。

A. 灰口铸铁、白口铸铁、麻口铸铁　　B. 灰口铸铁、白口铸铁、可锻铸铁

C. 灰铸铁、球墨铸铁、可锻铸铁　　D. 普通铸铁、合金铸铁

44. 如切断外径为 36 mm、内孔为 ϕ16 mm 的空心工件，到头宽度应刃磨至（　　）mm 宽。

A. 1 ~ 2　　B. 2 ~ 3　　C. 3 ~ 3. 6　　D. 4 ~ 4. 6

45. T0102 表示（　　）。

A. 1 号刀 1 号刀补　　B. 1 号刀 2 号刀补

C. 2 号刀 1 号刀补　　D. 2 号刀 2 号刀补

46. 电机常用的制动方法有（　　）制动和电力制动两大类。

A. 发电　　B. 能耗　　C. 反转　　D. 机械

47. 数控机床电气柜的空气交换部件应（　　）清除积尘，以免升温过高产生故障。

A. 每日　　B. 每周　　C. 每季度　　D. 每年

48. 应用（　　）装夹薄壁零件不易产生变形。

A. 三爪卡盘　　B. 一夹一顶　　C. 平口钳　　D. 心轴

49. 有关程序结构，下面叙述正确的是（　　）。

A. 程序由程序号、指令和地址符组成　　B. 地址符由指令字和字母数字组成

C. 程序段由顺序号、指令和 EOB 组成　　D. 指令由地址符和 EOB 组成

50. 重复定位能提高工件的（　　），但对工件的定位精度有影响，一般是不允许的。

A. 塑性　　B. 强度　　C. 刚性　　D. 韧性

51. 数控机床上有一个机械原点，该点到机床坐标零点在进给坐标轴方向上得距离可以在机床出厂时设定，该点称（　　）。

A. 工件零点　　B. 机床零点　　C. 机床参考点　　D. 限位点

52. 下列配合代号中，属于同名配件的是（　　）。

A. $H7/f6$ 与 $F7/h6$　　B. $F7/h6$ 与 $H7/f7$

C. $F7/n6$ 与 $H7/f6$　　D. $N7/h5$ 与 $H7/h5$

53. 镗孔刀尖如低于工件中心，粗车孔时易把孔径车（　　）。

A. 小　　B. 相等　　C. 不影响　　D. 大

54. 使用深度千分尺测量时，不需要（　　）。

A. 清洁底板测量面、工件的被测量面

B. 测量杆中心轴线与被测工件测量面保持垂直

C. 去除测量部位毛刺

D. 抛光测量面

55. 当刀具的副偏角（　　）时，在车削凹陷轮廓面时应产生过切现象。

A. 大　　B. 过大

C. 过小　　D. 大、过大、过小均不对

56. 微型计算机中，（　　）的存取速度最快。

A. 高速缓存　　B. 外存储器　　C. 寄存器　　D. 内存储器

57. 在基准制的选择中应优先选用（　　）。

A. 基孔制　　B. 基轴制　　C. 混合制　　D. 配合制

58. M24 粗牙螺纹的螺距是（　　）mm。

A. 1　　B. 2　　C. 3　　D. 4

59. 用来测量零件已加工表面的尺寸和位置所参照的点、线或面为（　　）。

A. 定位基准　　B. 测量基准　　C. 装配基准　　D. 工艺基准

60. 刀具磨损过程的三个阶段中，作为切削加工应用的是（　　）阶段。

A. 初期磨损　　B. 急剧磨损　　C. 后期磨损　　D. 正常磨损

61. 由直线和由直线和圆弧组成的平面轮廓，编程时数值计算的主要任务是求各（　　）坐标。

A. 节点　　B. 基点　　C. 交点　　D. 切点

62. G76 是 FANUC 系统螺纹加工复合循环。程序段 G76 P021260 Q100 R200、G76 Z－30 K1…73 Q0600 F2.0 是加工螺距等于（　　）的螺纹。

A. 2 mm　　B. 1 mm　　C. 1.5 mm　　D. 2.5 mm

63. 机械加工选择刀具时一般应优先采用（　　）。

A. 标准刀具　　B. 专用刀具　　C. 复合刀具　　D. 都可以

64. 用于传动的轴类零件，可使用（　　）为毛坯材料，以提高其机械性能。

A. 铸件　　B. 锻件　　C. 管件　　D. 板料

65. 用（　　）的压力把两个量块的测量面相推合，就可牢固地黏合成一体。

A. 一般　　B. 较大　　C. 很大　　D. 较小

66. 在相同切削速度下，钻头直径愈小，转速（　　）。

A. 愈高　　B. 不变　　C. 愈低　　D. 相等

67. 扩大精度一般可达（　　）。

A. IT5 ~ IT6　　B. IT7 ~ IT8　　C. IT8 ~ IT9　　D. IT9 ~ IT10

68. 在 CRT/MDI 面板的功能键中，显示机床现在位置的键是（　　）。

A. POS　　B. PRGRM　　C. OFSET　　D. ALARM

69. 最小实体尺寸是（　　）。

A. 测量得到的　　B. 设计给定的　　C. 加工形成的　　D. 计算所出的

70. 按经验公式 $n \leqslant 1\ 800/P - K$ 计算，车削螺距为 3mm 的双线螺纹，转速应≤（　　）转/分钟。

A. 2 000　　B. 1 000　　C. 520　　D. 220

71. 卧式车床加工尺寸公差等级可达（　　），表面粗糙度 Ra 值可达 1.6um。

A. IT9 ~ IT8　　B. IT8 ~ IT7　　C. IT7 ~ IT6　　D. IT5 ~ IT4

72. 在数控机床上，考虑工件的加工精度要求、刚度和变形等因素，可按（　　）划分工序。

A. 粗、精加工　　B. 所用刀具　　C. 定位方式　　D. 加工部位

73. G01 属模态指令，在遇到下列（　　）指令码在程序中出现后，仍为有效。

A. G00　　B. G02　　C. G03　　D. G04

74. 为增加镗孔刀的截面积，刀尖应与刀杆的（　　）等高。

A. 上表面　　B. 中心线

C. 下表面　　D. 上表面、中心线、下表面均为不对

75. 孔的基本偏差的字母代表含义为（　　）。

A. 从 A 到 H 为上偏差，其余为下偏差　　B. 从 A 到 H 为下偏差，其余为上偏差

C. 全部为上偏差　　D. 全部为下偏差

76. 刃倾角取值越大，切削力（　　）。

A. 减小　　B. 增大　　C. 不改变　　D. 消失

77. 增量坐标编程中，移动指令终点的坐标值 X、Z 都是以（　　）为基准来计算。

A. 工件坐标系原点　　B. 机床坐标系原点

C. 机床参考点　　D. 此程序段起点的坐标值

78. 车削直径为 ϕ100 mm 的工件外圆，若主轴转速设定为 1 000 r/min，则切削速度 Vc 为（　　）m/min。

A. 100　　B. 157　　C. 200　　D. 314

79. M20 粗牙螺纹的小径应车至（　　）mm。

A. 16　　B. 16.75　　C. 17.29　　D. 20

80. 钨钛钴类硬质合金是由碳化钨、碳化钛和（　　）组成。

A. 钒　　B. 铌　　C. 钼　　D. 钴

81. 钢的淬火是将钢加热到（　　）以上某一温度，保温一段时间，使之全部或部分奥氏体化，然后以大于临界冷却速度的冷速快冷到 Ms 以下（或 Ms 附近等温）进行马氏体（或贝氏体）转变的热处理工艺。

A. 临界温度 $Ac3$（亚共析钢）或 $Ac1$（过共析钢）

B. 临界温度 $Ac1$（亚共析钢）或 $Ac3$（过共析钢）

C. 临界温度 $Ac2$（亚共析钢）或 $Ac2$（过共析钢）

D. 亚共析钢和过共析钢都取临界温度 $Ac3$

82. 数控车床切削的主运动（　　）。

A. 刀具纵向运动　　B. 刀具横向运动

C. 刀具纵向、横向的复合运动　　D. 主轴旋转运动

83. 遵守法律法规不要求（　　）。

A. 延长劳动时间　　B. 遵守操作程序

C. 遵守安全操作规程　　D. 遵守劳动纪律

84. 对于较长的或必须经过多次装夹才能加工好且位置精度要求较高的轴类工件，可采用（　　）方法安装。

A. 一夹一顶　　B. 两顶尖　　C. 三爪卡盘　　D. 四爪卡盘

85. 当加工内孔直径 $\phi 38.5$ mm，实测为 $\phi 38.6$ mm，则在该刀具磨耗补偿对应位置输入（　　）值进行修调至尺寸要求。

A. －0.2 mm　　B. 0.2 mm　　C. －0.3 mm　　D. －0.1 mm

86. FANUC－Oi 系统中以 M99 结尾的程序是（　　）。

A. 主程序　　B. 子程序　　C. 增量程序　　D. 宏程序

87. 数控机床某轴进给驱动发生故障，可用（　　）来快速确定。

A. 参数检查法　　B. 功能程序测试法　　C. 原理分析法　　D. 转移法

88. 辅助功能中与主轴有关的 M 指令是（　　）。

A. M06　　B. M09　　C. M08　　D. M05

89. 选择 $Vc = 100$ m/min 车削 $\phi 50$ mm 的工件，应选用（　　）r/min 的转速。

A. 400　　B. 500　　C. 637　　D. 830

90. 通过观察故障发生时得各种光、声、味等异常现象，将故障诊断的范围缩小的方法称为（　　）。

A. 直观法　　B. 交换法　　C. 测量比较法　　D. 隔离法

91. （　　）是工件定位时所选择的基准。

A. 设计基准　　B. 工序基准　　C. 定位基准　　D. 测量基准

92. 在质量检测中，要坚持“三检”制度，即（　　）。

A. 自检、互检、专职检　　B. 首检、中间检、尾检

C. 自检、巡回检、专职检　　D. 首检、巡回检、尾检

93. 下列因素中导致受迫振动的是（　　）。

A. 积屑瘤导致刀具角度变化引起的振动　　B. 切削过程中摩擦力变化引起的振动

C. 切削层沿其厚度方向的硬化不均匀　　D. 加工方法引起的振动

94. 下列关于欠定位叙述正确的是（　　）。

A. 没有限制全部六个自由度　　B. 限制的自由度大于六个

C. 应该限制的自由度没有被限制　　D. 不该限制的自由度被限制了

95. 夹紧时，应保证工件的（　　）正确。

A. 定位　　B. 形状　　C. 几何精度　　D. 位置

96. 选择定位基准时，粗基准（　　）。

A. 只能使用一次　B. 最多使用两次　C. 可使用一至三次　D. 可反复使用

97. 下列不属于优质碳素结构钢的牌号为（　　）。

A. 45　B. 40Mn　C. 08F　D. T7

98. 在螺纹加工时应考虑升速和降速段造成的（　　）误差。

A. 长度　B. 直径　C. 牙型角　D. 螺距

99. 要执行程序段跳过功能，须在该程序段前输入（　　）标记。

A. /　B. \　C. +　D. -

100. 切断工件时，工件端面凸起或者凹下的原因可能是（　　）。

A. 丝杠间隙过大　B. 切削进给速度过快

C. 刀具已经磨损　D. 两副偏角过大且不对称

101. 当工件加工后尺寸有波动时，可修改（　　）中的数值至图样要求。

A. 刀具磨损补偿　B. 刀具补正　C. 刀尖半径　D. 刀尖的位置

102. 逐步比较插补法的工作顺序为（　　）。

A. 偏差判别、进给控制、新偏差计算、终点判别

B. 进给控制、偏差判别、新偏差计算、终点判别

C. 终点判别、先偏差计算、偏差判别、进给控制

D. 终点判别、偏差判别、进给控制、新偏差计算

103. 刀具、轴承、渗碳淬火零件、表面淬火零件通常在（　　）一下进行低温回火。低温回火后硬度变化不大，内应力减小，韧性稍有提高。

A. 50℃　B. 150℃　C. 250℃　D. 500℃

104. 在G71（ns）Q（nf）U（Δu）W（Δw）S500程序格式中，（　　）表示Z轴方向上的精加工余量。

A. Δu　B. Δw　C. ns　D. nf

105.（　　）主要用于制造低速、手动工具及常温下使用的工具、模具、量具。

A. 硬质合金　B. 高速钢　C. 合金工具钢　D. 碳素工具钢

106. 切刀宽为2 mm，左刀尖为刀位点，要保持零件长度50 mm，则编程时Z轴方向应定位在（　　）处割断工件。

A. 50 mm　B. 52 mm　C. 48 mm　D. 51 mm

107. FANUC数控系统程序结束指令为（　　）。

A. M00　B. M03　C. M05　D. M30

108. 对于深孔件的尺寸精度，可以用（　　）进行检验。

A. 内径百分表

B. 塞规或内径千分尺

C. 塞规或内卡钳

D. 内径百分表，塞规或内径千分尺，塞规或内卡钳均可

109. 关于尺寸公差，下列说法正确的是（　　）。

A. 尺寸公差只能大于零，故公差值前应标“+”号

B. 尺寸公差是用绝对值定义的，没有正、负的含义，故公差值前不应标“+”号

C. 尺寸公差不能为负值，单可以为零

D. 尺寸公差为允许尺寸变动范围的界限值

110. G70PQ 指令格式中“P”的含义是（　　）。

A. 精加工路径的首段顺序号　　B. 精加工路径的末端顺序号

C. 进刀量　　D. 退刀量

111. 未注公差尺寸应用范围的是（　　）。

A. 长度尺寸

B. 工序尺寸

C. 用于组装后经过加工所形成的尺寸

D. 长度尺寸，工序尺寸，用于组装后经过加工所形成的尺寸都适合

112. 一般机械工程图采用（　　）原理画出。

A. 正投影　　B. 中心投影　　C. 平行投射　　D. 点投射

113. 主轴在转动时若有一定的径向圆跳动，则工件加工后会产生（　　）的误差。

A. 垂直度　　B. 同轴度　　C. 斜度　　D. 粗糙度

114. 选择定位基准时，应尽量与工件的（　　）一致。

A. 工艺基准　　B. 度量基准　　C. 起始基准　　D. 设计基准

115. M20 粗牙螺纹的小径应车至（　　）mm。

A. 16　　B. 16. 75　　C. 17. 29　　D. 20

116. 刀具切削工件的运动过程是刀具从起始点经由规定的路径运动，以（　　）指令指定的进给速度进行切削，而后快速返回到起始点。

A. F　　B. S　　C. T　　D. M

117. 在批量生产中，一般以（　　）控制更换刀具的时间。

A. 刀具前面磨损程度　　B. 刀具后面磨损程度

C. 刀具的耐用度　　D. 刀具损坏程度

118. 加工路线的确定首先必须保证（　　）和零件表面质量。

A. 零件的尺寸精度　　B. 数值计算简单

C. 走到路线尽量短　　D. 操作方便

119. 矿石水平仪主要应用于检验各种机床及其他类型设备导轨的直线度和设备安装的水平位置、垂直位置。在数控机床水平时通常需要（　　）块水平仪。

A. 2　　B. 3　　C. 4　　D. 5

120. 下列关于欠定位的叙述正确的是（　　）。

A. 没有限制全部六个自由度　　B. 限制的自由度大于六个

C. 应该限制的自由度没有被限制　　D. 不该限制的自由度被限制了

121．钻头钻孔一般属于（　　）。

A．精加工　　B．半精加工

C．粗加工　　D．半精加工和精加工

122．优质碳素结构钢的牌号由（　　）数字组成。

A．一位　　B．两位　　C．三位　　D．四位

123．在三视图中，主视图和左视图应（　　）。

A．长对正　　B．高平齐

C．宽相等　　D．位在左（摆在主视图左边）

124．下列量具中，（　　）可用于测量内沟槽直径。

A．外径千分尺　　B．钢板尺　　C．深度游标尺　　D．弯角游标卡尺

125．（　　）的断口呈灰白相间的麻花状，性能不好，极少应用。

A．白口铸铁　　B．灰口铸铁　　C．球墨铸铁　　D．麻花铸铁

126．（　　）不是切削液的用途。

A．冷却　　B．润滑　　C．提高切削速度　　D．清洗

127．M24 粗牙螺纹的螺距是（　　）mm。

A．1　　B．2　　C．3　　D．4

128．精车 1Cr18NiTi 奥氏体不锈钢可采用的硬质合金刀片是（　　）。

A．YT15　　B．YT30　　C．TG3　　D．YG8

129．抗压能力很强，耐高温，摩擦系数低，用于外露重负荷设备上的润滑脂是（　　）。

A．二硫化钼润滑脂　　B．钙基润滑脂

C．锂基润滑脂　　D．石墨润滑脂

130．碳的质量分数小于（　　）的铁碳合金称为碳素钢。

A．1.4%　　B．2.11%　　C．0.6%　　D．0.25%

131．下列内容中，不属于工艺基准的是（　　）。

A．定位基准　　B．测量基准　　C．装配基准　　D．设计基准

132．（　　）适宜于选用锻件和铸件为毛坯材料。

A．轴类零件　　B．盘类零件　　C．薄壁零件　　D．箱体零件

133．手动使用夹具装夹造成工件尺寸一致性差的主要原因是（　　）。

A．夹具制造误差　　B．夹紧力一致性差　　C．热变形　　D．工件余量不同

134 下列（　　）指令表示撤销刀具偏置补偿。

A．T02D0　　B．T0211　　C．T0200　　D．T0002

135．快速定位 G00 指令在定位过程中，刀具所经过的路径是（　　）。

A．直线　　B．曲线　　C．圆弧　　D．连续多线段

136．（　　）为模态指令。

A．G01　　B．G02　　C．G03　　D．G04

137. 在 CAD 命令输入方式中以下方式不可采用的有（　　）。

A. 点取命令图标　　B. 在菜单栏点取命令

C. 用键盘直接输入　　D. 利用数字键输入

138. 在精车削圆弧面时，应（　　）进给速度以提高表面粗糙度。

A. 增大　　B. 不变

C. 减小　　D. 增大，不变，减小均不对

139. 在程序中指定 G41 或 G42 功能建立刀补时需与（　　）插补指令同时指定。

A. G00 或 G01　　B. G02 或 G03　　C. G01 或 G03　　D. G01 或 G02

140. FANUC 数控车床系统中 G90 X_　Z_　F_ 是（　　）指令。

A. 圆柱车削循环　　B. 圆锥车削循环　　C. 螺纹车削循环　　D. 端面车削循环

141. G00 指令与下列的（　　）指令不是同一组的。

A. G01　　B. G02　　C. G03　　D. G04

142. 尺寸公差等于上偏差减下偏差或（　　）。

A. 基本尺寸—下偏差　　B. 最大极限尺寸—最小极限尺寸

C. 最大极限尺寸—基本尺寸　　D. 基本尺寸—最小极限尺寸

143. 球墨铸铁 QT400 - 18 的组织是（　　）。

A. 铁素体　　B. 铁素体 + 珠光体　　C. 珠光体　　D. 马氏体

144. 员工在着装方面，正确的做法是（　　）。

A. 服装颜色鲜艳　　B. 服装款式端庄大方

C. 皮鞋不光洁　　D. 香水味浓烈

145. 数控车床中，主轴转速功能字 S 的单位是（　　）。

A. mm/r　　B. r/mm　　C. mm/min　　D. r/min

146. 车削薄壁套筒时，要特别注意（　　）引起工件变形。

A. 夹紧力　　B. 轴向力　　C. 分力　　D. 摩擦力

147. 程序段 G02 X50 Z - 20 I28 K5 F0.3 中，I28 K5 表示（　　）。

A. 圆弧的始点　　B. 圆弧的终点

C. 圆弧的圆心相对圆弧起点坐标　　D. 圆弧的半径

148. T0305 中的前两位数字 03 的含义（　　）。

A. 刀具号　　B. 刀偏号　　C. 刀具长度补偿　　D. 刀补号

149. ϕ35F8 与 ϕ20H9 两个公差等级中，（　　）的精确程度高。

A. ϕ35F8　　B. ϕ20H9　　C. 相同　　D. 无法确定

150. 最小极限尺寸与基本尺寸的代数差被称为（　　）。

A. 上偏差　　B. 下偏差　　C. 误差　　D. 公差带

151. 圆弧插补的过程中数控系统把轨迹拆分成若干微小（　　）。

A. 直线段　　B. 圆弧段　　C. 斜线段　　D. 非圆曲线段

152. 在精加工工序中，加工余量小而均匀时可选择加工表面本身作为定位基准的为（　　）。

A. 基准重合原则　　B. 互为基准原则

C. 基准统一原则　　D. 自为基准原则

153. DNC 的基本功能是（　　）。

A. 刀具管理　　B. 生产调度　　C. 生产监控　　D. 传送 NC 程序

154. FANUC 系统数控系统中，能实现螺纹加工的一组代码是（　　）。

A. G03、G90、G73　　B. G32、G92、G76

C. G04、G94、G71　　D. G41、G96、G75

155. 数控车（FANUC 系统）的 G74 X－10 Z－120 P5 Q10 F0.3 程序段中，错误的参数的地址字是（　　）。

A. X　　B. Z　　C. P　　D. Q

156. 零件图的（　　）的投影方向应能最明显地反映零件图的内外结构形状特征。

A. 俯视图　　B. 主视图　　C. 左视图　　D. 右视图

157. 使用深度千分尺测量时，不需要做（　　）。

A. 清洁底板测量面、工件的被测量面

B. 测量杆中心轴线与被测工件测量面保持垂直

C. 去除测量部位毛刺

D. 抛光测量面

158. 操作面板上的“PRG”键的作用是（　　）。

A. 位置显示　　B. 显示诊断　　C. 显示编序　　D. 显示报警消息

159. 碳素工具钢工艺性能的特点有（　　）。

A. 不可冷、热加工成形，加工性能好　　B. 刃口一般磨得不是很锋利

C. 易淬裂　　D. 耐热性很好

160. 液压系统的控制元件是（　　）。

A. 液压泵　　B. 换向阀　　C. 液压缸　　D. 电动机

二、判断题

1. （　　）为了及时通风，应在加工时经常开启机床柜、电柜门，以防柜内温度过高。

2. （　　）职业道德是社会道德在职业行为和职业关系中的具体表现。

3. （　　）机械制图中标注绘图比例为 2：1，表示所绘图形是放大的图形，其绘制的尺寸是实物尺寸的 2 倍。

4. （　　）排屑不畅是切断刀的特点。

5. （　　）切槽时，走刀量加大，不易使切刀折断。

6. ( ) 办事公道是对厂长、经理职业道德的要求，与普通工人关系不大。

7. ( ) 除基本图外，还有全剖视图、半剖视图和旋转视图三种视图。

8. ( ) 欠定位不能保证加工质量，往往会产生废品，因此也可以使用键盘上的快捷键进行操作。

9. ( ) 若零件上每个表面都要加工，则应选加工余量最大的表面为粗基准。

10. ( ) 使用 Windows 98 中文操作系统，既可以用鼠标进行操作，也可以使用键盘上的快捷键进行操作。

11. ( ) 钩头垫铁的头部紧靠在机床底座的边缘，同时起到限位的作用。

12. ( ) 微处理器是 CNC 系统的核心，主要由运算器和控制器两大部分组成。

13. ( ) 工艺基准包括定位基准、测量基准和装配基准三种。

14. ( ) 加工螺纹时，主转速不受限制。

15. ( ) 在初期故障期出现的故障主要是因工人操作不习惯、维护不好、操作失误造成的。

16. ( ) 各类工业固体废物，不能倾倒在江河或水库中。

17. ( ) 数控机床中 MDI 方式是手动输入数据英文的缩写。

18. ( ) FANUC 系统 G74 端面槽加工指令可用于钻孔。

19. ( ) 标注设置的快捷键是 D。

20. ( ) 利用刀具磨耗补偿功能提高劳动效率。

21. ( ) 机夹可转位车道不用刃磨，有利于图层刀片的推广使用。

22. ( ) 回转体零件的回转线是零件定位和加工的基准。

23. ( ) Auto CAD 只能绘制二维图形。

24. ( ) 有较低的摩擦系数能在 200℃ 高温内工作，常用于重载轴承的是石墨润滑剂。

25. ( ) crt 可显示的内容有零件程序、参数、坐标位置、机床状态、报警信息等。

26. ( ) 零件的加工精度包括尺寸精度、形状精度和位置精度。

27. ( ) 在机床通电后，无须检查各开关按钮和键是否正常。

28. ( ) 孔轴过度配合中，孔的公差带与轴的公差带互相交叠。

29. ( ) 数控系统存储器的电磁更换应在断电状态下更换。

30. ( ) FANUC 系统 G75 指令不能用于内沟槽加工。

31. ( ) 在华中系统中，G71 可加工带凹槽轮廓的表面。

32. ( ) 螺纹车刀安装正确与否直接影响加工后的牙型质量。

33. ( ) 刃磨高速钢刀具时，应在白刚玉的白色砂轮上刃磨，且加入水中冷却，以防刀刃退火。

34. ( ) 用圆弧规测量圆弧时，圆弧规与工件轴线应在同一平面内。

35. (　　) 圆度是实际对其理想远变动量的一项指标。

36. (　　) 职业道德体现的是职业对社会所负的道德责任与义务。

37. (　　) 尾座轴线偏移，打中心孔不会受影响。

38. (　　) 加工螺纹时，主轴转速不受限制。

39. (　　) 数控机床常用平均故障间隔时间作为可靠性的定量指标。

40. (　　) 团队精神能激发职工更大的能量、发掘更大的潜能。

参考答案

一、单选题

1. B	2. A	3. B	4. B	5. B	6. C	7. C	8. A	9. B	10. C
11. A	12. B	13. D	14. B	15. C	16. D	17. A	18. A	19. A	20. C
21. C	22. D	23. D	24. D	25. A	26. C	27. B	28. C	29. D	30. C
31. B	32. B	33. C	34. A	35. C	36. A	37. A	38. A	39. A	40. D
41. A	42. B	43. A	44. C	45. B	46. D	47. B	48. D	49. C	50. C
51. C	52. A	53. D	54. D	55. C	56. C	57. A	58. C	59. B	60. D
61. A	62. A	63. A	64. B	65. D	66. A	67. D	68. A	69. B	70. D
71. B	72. A	73. D	74. B	75. B	76. A	77. D	78. D	79. C	80. D
81. A	82. D	83. A	84. B	85. D	86. B	87. D	88. D	89. C	90. A
91. C	92. A	93. D	94. C	95. D	96. A	97. D	98. D	99. A	100. D
101. A	102. A	103. C	104. B	105. D	106. B	107. D	108. A	109. B	110. A
111. D	112. A	113. B	114. D	115. C	116. A	117. C	118. A	119. A	120. C
121. C	122. B	123. B	124. D	125. D	126. C	127. C	128. C	129. D	130. B
131. D	132. B	133. B	134. C	135. D	136. A	137. D	138. C	139. A	140. A
141. C	142. B	143. A	144. B	145. D	146. A	147. C	148. A	149. A	150. B
151. A	152. D	153. D	154. B	155. A	156. B	157. D	158. C	159. C	160. B

二、判断题

1. ×	2. √	3. √	4. √	5. ×	6. ×	7. ×	8. √	9. ×	10. √
11. √	12. √	13. √	14. ×	15. ×	16. √	17. √	18. √	19. √	20. √
21. √	22. √	23. ×	24. ×	25. √	26. √	27. ×	28. √	29. ×	30. ×
31. √	32. √	33. √	34. √	35. √	36. √	37. ×	38. ×	39. √	40. √

附录 2

高级数控车工理论样题

一、单选题

1. 中碳钢零件放在真空炉中内淬火，可防止（　　）。
A. 氧化和脱碳　B. 开裂　C. 硬度偏低　D. 变形
2. 中温回火主要适用于（　　）。
A. 各种刃具　B. 各种弹簧　C. 各种轴　D. 高强度螺栓
3.（　　）表面淬火容易淬裂。
A. 中碳钢　B. 高碳钢　C. 低碳钢　D. 不锈钢
4. 防止积屑瘤崩碎的措施是（　　）。
A. 采用高速切削　B. 采用低速切削
C. 保持均匀的切削速度　D. 选用合适的切削液
5. 粗加工时选择切削用量应该首先选择（　　）。
A. 背吃刀量　B. 切削速度　C. 进给速度　D. 主轴转速
6. 切削用量三要素中，（　　）对切削温度的影响最大。
A. 背吃刀量　B. 每齿给量　C. 切削速度　D. 进给量
7. 要求彼此间有相对运动精度和耐磨性要求的平面是（　　）。
A. 工作平台表面　B. 导轨面
C. 法兰面　D. 水平方向的基准面
8. 采用电化学腐蚀方法去除工件材料的加工方法是（　　）。
A. 电火花加工　B. 超声波加工　C. 激光加工　D. 电解加工
9. 刀后面磨损严重导致刀具耐用度降低时应（　　）。
A. 改用浓度低的乳化液　B. 把油基切削液改为水基切削液
C. 增大供液量　D. 换用新液
10. 刀具存在（　　）种破损形式。
A. 2　B. 3　C. 4　D. 5
11. 装配图中相邻两个零件的接触面应该画（　　）。
A. 一条线粗实线　B. 两条线粗实线
C. 一条线加文字说明　D. 两条细实线

12. 图示装配图中的尺寸 ϕ30H9/F9 属于（　　）。

A. 装配尺寸　　B. 安装尺寸

C. 性能（规格尺寸）　　D. 总体尺寸

13. 测绘零件草图的第一步应该是（　　）。

A. 画出基本视图的外部轮廓　　B. 画好各个视图的基准线

C. 画出各视图的外部轮廓　　D. 画基本视图中主要要素

14. 如零件图上有文字说明“零件 1（LH）如图，零件 2（RH）对称”，这里 RH 表示（　　）。

A. 零件 2 为上件　B. 零件 2 为左件　C. 零件 2 为右件　D. 零件 2 为下件

15.（　　）是斜齿圆柱齿轮。

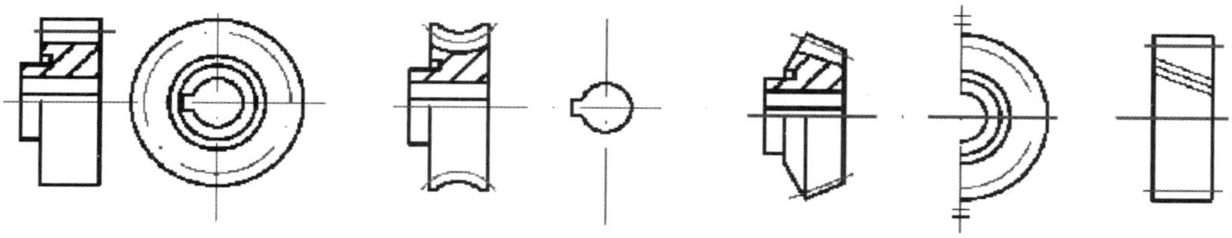

图 1　　图 2　　图 3　　图 4

A. 图 1　B. 图 2　C. 图 3　D. 图 4

16. 形位公差要求较高的工件，它的定位基准面必须经过（　　）或精刮。

A. 研磨　B. 热处理　C. 定位　D. 铣

17. 对切削力影响最大的参数是（　　）。

A. 切削深度　B. 切削速度　C. 进给量　D. 主偏角

18. 车床主轴转速为 $n=1\ 000$ r/min，若工件外圆加工表面直径 $d=50$ mm，则编程时工件外圆的切削速度 v 为（　　）。

A. 157 m/min　B. 156 m/min　C. 500 m/min　D. 200 m/min

19. 关于组合夹具的特点，下面（　　）说法是错误的。

A. 可缩短生产的准备周期　　B. 可节省大量工艺装备的费用支出

C. 适用性较好　　D. 结构简单，灵巧，刚性较好

20. 用两顶尖装夹工件时，可限制（　　）。

A. 三个移动三个转动　　B. 三个移动两个转动

C. 两个移动三个转动　　D. 两个移动两个转动

21. 夹紧力的方向应尽量（　　）于主切削力。

A. 垂直　B. 平行同向　C. 倾斜指向　D. 平行反向

22. 夹具夹紧元件淬硬的接触表面摩擦系数最大的是（　　）。

A. 沿主切削力方向有齿纹　　B. 在垂直于主切削力方向有齿纹

C. 有相互垂直的齿纹　　D. 有网状齿纹

23．偏心夹紧装置使用在（　　）的场合。

A．要求夹紧力大　　B．不要求夹紧力大

C．加工中振动大　　D．加工中振动小

24．对硬度高达 8 000 ~ 10 000 HV 的淬硬钢或冷硬铸铁等进行加工一般选用金刚石和（　　）等刀具材料。

A．立方氮化硼　　B．涂层刀具　　C．陶瓷　　D．硬质合金

25．切削高温合金时，后角要稍大一些，前角应取（　　）。

A．正值　　B．负值　　C．0　　D．不变

26．切削纯铝、纯铜的刀具一般用（　　）。

A．硬质合金刀具　　B．高速钢刀具

C．陶瓷刀具　　D．立方氮化硼刀具

27．车刀修磨出过渡刃是为了（　　）。

A．断屑　　B．提高刀具寿命　　C．增加刀具刚性　　D．控制切屑流向

28．可转位刀片型号中第一位表示（　　）。

A．精度等级　　B．切削刃形状　　C．刀片形状　　D．刀片切削方向

29．对一般硬度的钢材进行高速切削应选择（　　）。

A．高速钢刀具　　B．立方氮化硼（CBN）刀具

C．涂层硬质合金刀具　　D．陶瓷刀具

30．可转位车刀符号中刀片装夹符号“S”表示（　　）。

A．上压式　　B．杠杆式　　C．螺钉压紧　　D．螺钉和上压式

31．可转位车刀夹固方式中定位精度较差的是（　　）。

A．上压式　　B．杠杆式　　C．楔销式　　D．螺钉压紧

32．数控机床的主程序调用子程序用指令（　　）（FANUC 系统、华中系统）。

A．M98L_ P_　　B．M98P_ L_　　C．M99L_ P_　　D．M99P_ L_

33．下面以 M99 作为程序结束的程序是（　　）（FANUC 系统、华中系统）。

A．主程序　　B．子程序　　C．增量程序　　D．宏程序

34．在 G72W（Δd）R（E）；G72P（ns）Q（nf）U（Δu）W（Δw）F（f）S（s）T（t）程序格式中，（　　）表示精加工路径的第一个程序段顺序号（FANUC 系统）。

A．Δw　　B．ns　　C．Δu　　D．nf

35．下列指令中，（　　）是深孔钻循环指令（FANUC 系统）。

A．G71　　B．G72　　C．G73　　D．G74

36．G75 指令是沿（　　）方向进行切槽循环加工的（FANUC 系统）。

A．X 轴　　B．Z 轴　　C．Y 轴　　D．C 轴

37．数控车床中的 G41/G42 指令是对（　　）进行补偿。

A．刀具的几何长度　　B．刀具的刀尖圆弧半径

C．刀柄的半径　　D．刀具的位置

38. 在变量使用中，下面选项（　　）的格式是对的（FANUC 系统、华中系统）。

A. O#1　　B. /#2G00X100.0　　C. N#3X200.0　　D. #5 = #1 - #3

39. 在 FANUC 数控系统中，可以独立使用并保存计算结果的变量为（　　）。

A. 空变量　　B. 系统变量　　C. 公共变量　　D. 局部变量

40. 在运算指令中，形式为#i = SQRT［#j］的函数表示的意义是（　　）（FANUC 系统、华中系统）。

A. 矩阵　　B. 数列　　C. 平方根　　D. 条件求和

41. 在运算指令中，形式为#i = LN［#j］的函数表示的意义是（　　）（FANUC 系统、华中系统）。

A. 离心率　　B. 自然对数　　C. 轴距　　D. 螺旋轴弯曲度

42. 在运算指令中，形式为#i = ROUND［#j］的函数表示的意义是（　　）（FANUC 系统）。

A. 圆周率　　B. 四舍五入整数化

C. 求数学期望值　　D. 弧度

43. 宏程序中大于的运算符为（　　）（FANUC 系统、华中系统）。

A. LE　　B. EQ　　C. GE　　D. GT

44. G65 代码是 FANUC 数控系统中的调用（　　）功能。

A. 子程序　　B. 宏程序　　C. 参数　　D. 刀具

45. 下列地址符中，不可以作为宏程序调用指令中自变量符号的是（　　）（FANUC 系统）。

A. I　　B. K　　C. N　　D. H

46. 在变量赋值方法Ⅱ中，自变量地址 J4 对应的变量是（　　）（FANUC 系统）。

A. #40　　B. #34　　C. #14　　D. #24

47. 椭圆参数方程式为（　　）（FANUC 系统、华中系统）。

A. $X = a * \sin\theta$；$Y = b * \cos\theta$　　B. $X = b * \cos(\theta/b)$；$Y = a * \sin\theta$

C. $X = a * \cos\theta$；$Y = b * \sin\theta$　　D. $X = b * \sin\theta$；$Y = a * \cos(\theta/a)$

48. 子程序是不能脱离（　　）而单独运行的（SIEMENS 系统）。

A. 主程序　　B. 宏程序　　C. 循环程序　　D. 跳转程序

49. 子程序 N50 M98 P_ L_ 中，（　　）为重复调用子程序的次数。若其省略，则表示只调用一次（SIEMENS 系统）。

A. N50　　B. M98　　C. P 后面的数字　　D. L 后面的数字

50. 西门子 802D 系统允许的子程序嵌套深度是（　　）。

A. 一　　B. 二　　C. 四　　D. 八

51. 华中数控车床系统中，G80 X__ __Z__ __F__ __是（　　）指令。

A. 圆柱车削循环　　B. 圆锥车削循环

C. 螺纹车削循环　　D. 端面车削循环

52. G80 X50 Z－60 R－2 F0.1，完成的是（　　）的单次循环加工（华中系统）。

A. 圆柱面　　B. 圆锥面　　C. 圆弧面　　D. 螺纹

53. 程序段 G81 X35 Z－6 K3 F0.2，是循环车削（　　）的程序段（华中系统）。

A. 外圆　　B. 斜端面　　C. 内孔　　D. 螺纹

54. 华中数控系统中，G71 指令是以其程序段中指定的切削深度，沿平行于（　　）的方向进行多重粗切削加工的。

A. X 轴　　B. Z 轴　　C. Y 轴　　D. C 轴

55. 在华中系统中，（　　）指令是端面粗加工循环指令。

A. G70　　B. G71　　C. G72　　D. G73

56. 程序段 G73U（Δi）W（Δk）R（r）P（ns）Q（nf）X（Δx）Z（Δz）F（f）S（s）T（t）中的 r 表示（　　）（华中系统）。

A. 加工余量　　B. 粗加工循环次数

C. Z 轴方向退刀量　　D. 粗精加工循环次数

57. 华中数控车系统中，G76 是（　　）指令。

A. 螺纹切削复合循环　　B. 端面切削循环

C. 内外径粗车复合循环　　D. 封闭轮廓复合循环

58. 程序段 N20 CYCLE93（35，60，30，25，5，10，20，0，0，－2，－2，1，1，10，1，5）中，Z 轴方向的起点坐标指定为（　　）（SIEMENS 系统）。

A. 60　　B. 25　　C. 1　　D. 10

59. SIEMENS 系统中，CYCLE95 指令在粗加工时是以其程序段中指定的切削深度，沿平行于（　　）的方向进行多重切削的。

A. X 轴　　B. Z 轴　　C. Y 轴　　D. C 轴

60. SIEMENS 数控车系统中，CYCLE97 是（　　）指令。

A. 螺纹切削循环　　B. 端面切削循环

C. 深孔钻削循环　　D. 切槽循环

61. 下列 R 参数引用段中，正确的引用格式为（　　）（SIEMENS 系统）。

A. G01X＝R1＋R2F＝R3　　B. G01XR1＋R2FR3

C. G01X［1＋R2］F［R3］　　D. G01ZR－1FR3

62. R 参数由 R 地址与（　　）组成（SIEMENS 系统）。

A. 数字　　B. 字母　　C. 运算符号　　D. 下划线

63. 表示余弦函数的运算指令是（　　）（SIEMENS 系统）。

A. Ri＝tan（Rj）　　B. Ri＝Acos（Rj）　　C. Ri＝cos（Rj）　　D. Ri＝sin（Rj）

64. 在运算指令中，形式为 Ri＝Asin（Rj）的函数表示的意义是（　　）（SIEMENS 系统）。

A. 舍入　　B. 立方根　　C. 合并　　D. 反正弦

65. 在运算指令中，形式为 Ri = abs（Rj）的函数表示的意义是（　　）（SIEMENS 系统）。

A. 离散　　B. 非负　　C. 绝对值　　D. 位移

66. 数控加工仿真中（　　）属于物理性能仿真。

A. 加工精度检查　　B. 加工程序验证　　C. 刀具磨损分析　　D. 优化加工过程

67. 数控加工刀具轨迹检验一般不采用（　　）。

A. 数控系统的图形显示　　B. CAM 软件中的刀轨模拟

C. 数控仿真软件　　D. 试件加工

68. 设置 RS232C 的参数，串口 1 传输的波特率设置为 2 400 b/s，接串口 2 的波特率应设置为（　　）。

A. 1 200 b/s　　B. 1 800 b/s　　C. 2 400 b/s　　D. 4 800 b/s

69. 手工建立新的程序时，必须最先输入的是（　　）。

A. 程序段号　　B. 刀具号　　C. 程序名　　D. G 代码

70. （　　）是传输速度最快的联网技术。

A. RS232C 通信接口　　B. 计算机局域网

C. RS422 通信接口　　D. 现场总线

71. 局域网内的设备的线缆接头的规格是（　　）。

A. RG－8　　B. RG－58　　C. RG－62　　D. RJ－45

72. 设置工件坐标系就是在（　　）中找到工件坐标系原点的位置。

A. 工件　　B. 机床工作台　　C. 机床运动空间　　D. 机床坐标系

73. 采用试切法对刀，测量试切外圆直径等于 $\phi 39.946$ mm 时显示 X 轴坐标位置 209.6 mm，X 轴的几何位置偏置补偿值是（　　）。

A. 249.546　　B. 39.946　　C. 169.654　　D. 189.627

74. 锁定按钮是（　　）。

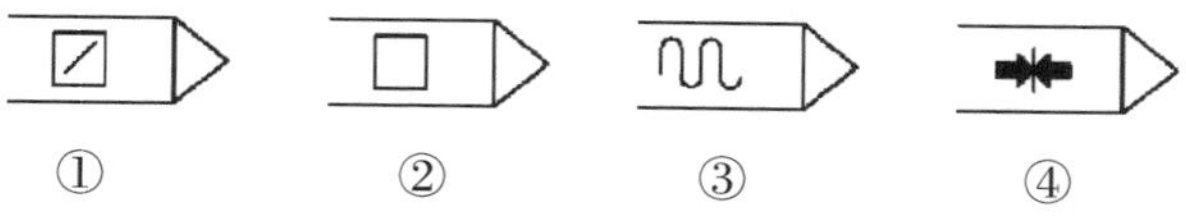

①　②　③　④

A. ①　　B. ②　　C. ③　　D. ④

75. 如图所示，刀尖半径补偿的方位号是（　　）。

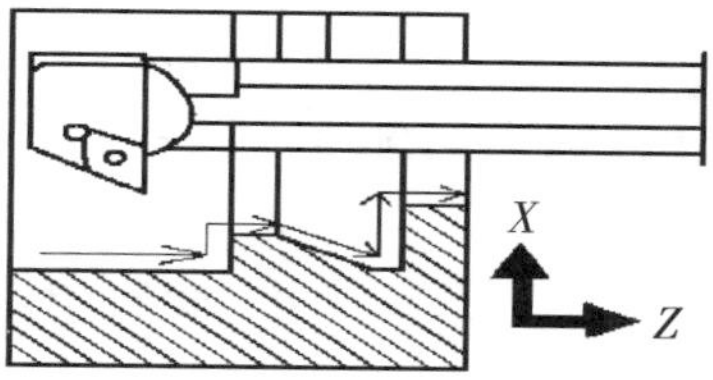

X　Z

A. 2　　B. 4　　C. 3　　D. 1

76. 下列项目中影响车削零件位置公差的主要因素是（　　）。

A. 零件装夹　　B. 工艺系统精度　　C. 刀具几何角度　　D. 切削参数

77. 采用斜向进刀法车削螺纹，每刀进给深度 0.23 mm，编程时每次执行螺纹指令前 Z 轴位置应该（　　）。

A. 在同一位置　　B. 在与上次位置平移一个螺距的位置

C. 在与上次位置平移 0.23 mm 的位置　　D. 在与上次位置平移 0.133 mm 的位置

78.（　　）在所有的数控车床上都能使用。

A. 用 C 轴作圆周分线

B. 在 G 功能中加入圆周分线参数

C. 轴向分线

D. 不存在一种可使用于所有数控车床的分线方法

79. 一把梯形螺纹车刀的左侧后角是 8°，右侧后角是 0°，这把车刀（　　）。

A. 可以加工右旋梯形螺纹　　B. 可以加工左旋梯形螺纹

C. 被加工螺纹的旋向与其无关　　D. 不可以使用

80. 编制加工槽等宽的变导程螺纹车削程序要（　　）。

A. 每转过 360°修改螺距

B. 要分多次进刀，每次改变轴向起始位置

C. 要分多次进刀，每次改变在圆周上的起始位置

D. 要分多次进刀，每次同时改变轴向起始位置和圆周上的起始位置

81. 复合螺纹加工指令中的两侧交替切削法与单侧切削法在效果上的区别是（　　）。

A. 加工效率　　B. 螺纹尺寸精度

C. 改善刀具寿命　　D. 螺纹表面质量

82. 车床主轴轴线有轴向窜动时，对车削（　　）精度影响较大。

A. 外圆表面　　B. 螺纹螺距　　C. 内孔表面　　D. 圆弧表面

83. 切削液由刀杆与孔壁的空隙进入将切屑经钻头前端的排屑孔冲入刀杆内部排出的是（　　）。

A. 喷吸钻　　B. 外排屑枪钻　　C. 内排屑深孔钻　　D. 麻花钻

84. 在孔即将钻透时，应（　　）进给速度。

A. 提高　　B. 减缓　　C. 均匀　　D. 先提高后减缓

85. 在切削用量相同的条件下主偏角减小切削宽度增大则切削温度也（　　）。

A. 上升　　B. 下降　　C. 先升后降　　D. 不变

86.（　　）有助于解决深孔加工时的排屑问题。

A. 加注冷却液倒切削区域　　B. 增强刀体刚性

C. 采用大的切深　　D. 加固工件装夹

87. 枪孔钻为（　　）结构。

A. 外排屑单刃　　B. 外排屑多刃　　C. 内排屑单刃　　D. 内排屑多刃

88. 在零件加工过程中或机器装配过程中最终形成的环为（　　）。

A. 组成环　　B. 封闭环　　C. 增益　　D. 减环

89. 尺寸链组成环中，由于该环增大而闭环随之增大的环称为（　　）。

A. 增环　　B. 闭环　　C. 减环　　D. 间接环

90. 封闭环的基本尺寸等于各增环的基本尺寸（　　）各减环的基本尺寸之和。

A. 之差乘以　　B. 之和减去　　C. 之和除以　　D. 之差除以

91. 封闭环的公差等于各组成环的（　　）。

A. 基本尺寸之和的 3/5　　B. 基本尺寸之和或之差

C. 公差之和　　D. 公差之差

92. 封闭环的下偏差等于各增环的下偏差（　　）各减环的上偏差之和。

A. 之差加上　　B. 之和减去　　C. 加上　　D. 之积加上

93. 工序尺寸公差一般按该工序加工的（　　）来选定。

A. 经济加工精度　　B. 最高加工精度

C. 最低加工精度　　D. 平均加工精度

94. 基准不重合误差由前后（　　）不同而引起。

A. 设计基准　　B. 环境温度　　C. 工序基准　　D. 形位误差

95. （　　）重合时，定位尺寸即工序尺寸。

A. 设计基准与工序基准　　B. 定位基准与设计基准

C. 定位基准与工序基准　　D. 测量基准与设计基准

96. 使用千分尺时，采用（　　）方法可以减少温度对测量结果的影响。

A. 多点测量，取平均值法　　B. 多人测量，取平均值法

C. 采用精度更高的测量仪器　　D. 等温法

97. 使用百分表时，为了保持一定的起始测量力，测头与工件接触时测杆应有（　　）的压缩量。

A. 0.1 ~ 0.3 mm　　B. 0.3 ~ 1 mm

C. 1 ~ 1.5 mm　　D. 1.5 ~ 2.0 mm

98. 测量法向齿厚时，先把齿高卡尺调整到（　　）尺寸，同时使齿厚卡尺的测量面与齿侧平行，这时齿厚卡尺测得的尺寸就是法向齿厚的实际尺寸。

A. 齿顶　　B. 全齿　　C. 牙高　　D. 实际

99. 当孔的公差带位于轴的公差带之上时，轴与孔装配在一起则必定是（　　）。

A. 间隙配合

B. 过盈配合

C. 过渡配合

D. 间隙配合，过盈配合，过渡配合都有可能

100. 测量工件表面粗糙度值时选择（　　）。

A. 游标卡尺　　B. 量块　　C. 塞尺　　D. 干涉显微镜

101. 采用基轴制，用于相对运动的各种间隙配合时孔的基本偏差应在（　　）之间选择。

A. S～U　　B. A～G　　C. H～N　　D. A～U

102. 尺寸标注 ϕ30H7 中 H 表示公差带中的（　　）。

A. 基本偏差　　B. 下偏差　　C. 上偏差　　D. 公差

103. 具有互换性的零件应是（　　）。

A. 相同规格的零件　　B. 不同规格的零件

C. 相互配合的零件　　D. 加工尺寸完全相同的零件

104. 公差与配合标准的应用主要解决（　　）。

A. 基本偏差　　B. 加工顺序　　C. 公差等级　　D. 加工方法

105. 在表面粗糙度的评定参数中，代号 *Ra* 指的是（　　）。

A. 轮廓算术平均偏差

B. 微观不平十点高度

C. 轮廓最大高度

D. 轮廓算术平均偏差，微观不平十点高度，轮廓最大高度都不正确

106. *Ra* 数值反映了零件的（　　）。

A. 尺寸误差　　B. 表面波度　　C. 形状误差　　D. 表面粗糙度

107. 工件在加工过程中，因受力变形、受热变形而引起种种误差，这类原始误差关系称为工艺系统（　　）。

A. 动态误差　　B. 安装误差　　C. 调和误差　　D. 逻辑误差

108.（　　）是由于工艺系统没有调整到正确位置而产生的加工误差。

A. 测量误差　　B. 夹具制造误差　　C. 调整误差　　D. 加工原理误差

109. 对于操作者来说，降低工件表面粗糙度值最容易采取的办法是（　　）。

A. 改变加工路线　　B. 提高机床精度

C. 调整切削用量　　D. 调换夹具

110. 测量 M30 的螺纹的中径，应该选用照片中（　　）的螺纹千分尺。

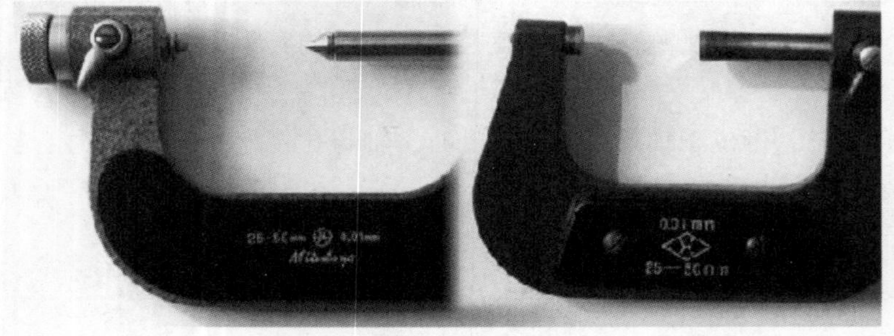

A. 左边的　　B. 右边的

C. 两把中任意一把　　D. 两把都不可以

111. 机床主轴润滑系统中的空气过滤器必须（　　）检查。
A. 隔年　　B. 每周　　C. 每月　　D. 每年
112. 数控机床维护操作规程不包括（　　）。
A. 机床操作规程　　B. 工时的核算
C. 设备运行中的巡回检查　　D. 设备日常保养
113. 主轴噪声增加的原因分析主要包括（　　）。
A. 机械手转位是否准确　　B. 主轴部件松动或脱开
C. 变压器有无问题　　D. 速度控制单元有无故障
114. 气泵压力设定不当会造成机床（　　）的现象。
A. 无气压　　B. 气压过低　　C. 气泵不工作　　D. 气压表损坏
115. 滚珠丝杠运动不灵活的原因可能是（　　）。
A. 滚珠丝杠的预紧力过大　　B. 滚珠丝杠间隙增大
C. 电动机与丝杠连轴器联接过紧　　D. 加足润滑油
116. 机床液油压中混有异物会导致（　　）现象。
A. 油量不足　　B. 油压过高或过低
C. 油泵有噪声　　D. 压力表损坏
117. 数控机床精度检验中，（　　）是综合机床关键零部件经组装后的综合几何形状误差。
A. 定位精度　　B. 切削精度
C. 几何精度　　D. 定位精度、切削精度、几何精度都是
118. 检查数控机床几何精度时，首先应进行（　　）。
A. 坐标精度检测　　B. 连续空运行试验
C. 切削精度检测　　D. 安装水平的检查与调整
119. 数控机床切削精度检验（　　），对机床几何精度和定位精度的一项综合检验。
A. 又称静态精度检验，是在切削加工条件下
B. 又称静态精度检验，是在空载条件下
C. 又称动态精度检验，是在切削加工条件下
D. 又称动态精度检验，是在空载条件下
120. 对于卧式数控车床而言，其单项切削精度分别为（　　）精度。
A. 外圆切削、内圆切削和沟槽切削　　B. 内圆切削、端面切削和沟槽切削
C. 圆弧面切削、端面切削和外圆切削　　D. 外圆切削、端面切削和螺纹切削

二、多选题

121. 职业道德是增强企业凝聚力的主要手段，主要是指（　　）。
A. 协调企业职工同事关系　　B. 协调职工与领导的关系
C. 协调职工与企业的关系　　D. 协调企业与企业的关系

122．道德的特点包括（　　）。

A．道德靠法规来维持和发挥其社会作用

B．道德靠社会舆论和个人内心信念等力量来发挥作用和维持其社会作用

C．道德具有历史继承性

D．在阶级社会道德具有鲜明的阶级性

E．道德具有明显的广泛性

123．装配图零件序号正确的编排方法包括（　　）。

A．序号标在零件上

B．指引线必须从零件轮廓上引出

C．指引线可以是曲线

D．一组紧固件可以用公共指引线

E．多处出现的同一零件允许重复采用相同的序号标志

124．机械加工工艺过程由一系列工序组成，每一个工序又可以分为若干个（　　）。

A．安装　　B．数控铣加工　　C．工步

D．运输　　E．数控车加工

125．工艺分析包括（　　）等内容。

A．零件图样分析　　B．确定加工方法　　C．安排加工路线

D．选择机床　　E．选择刀夹具

126．数控加工工序集中的特点是（　　）。

A．减少了设备数量　　B．减少了工序数目

C．增加了加工时间　　D．增加了装夹次数

E．提高了生产率

127．安排在机械加工前的热处理工序有（　　）。

A．正火　　B．退火　　C．时效处理

D．渗碳　　E．高频淬火

128．如图所示的台阶轴，其中阴影部分是工件端面加工时需去除的材料的部分，则各工序余量分别是（　　）。

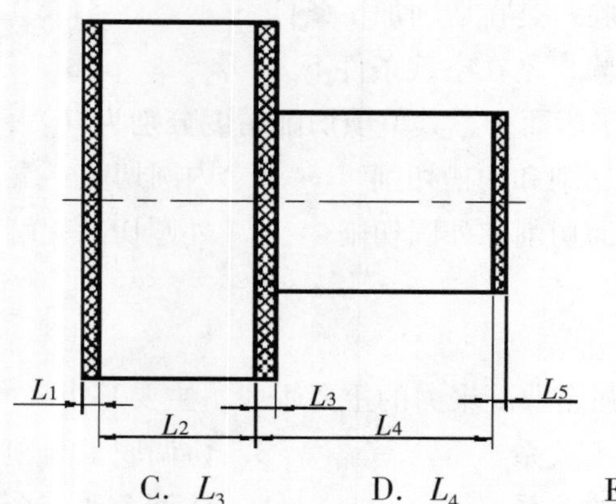

A．L_1　　B．L_2　　C．L_3　　D．L_4　　E．L_5

129．自夹紧滚珠心轴（　　）。
A．适用于切削力大的加工　　B．用于定位精度要求不高的加工
C．需要自动上下工件的自动化生产　　D．定位孔表面容易损伤
E．定位孔孔径精度要求高
130．产生基准位移误差的原因包括（　　）。
A．定位表面和定位元件之间有间隙　　B．工件定位面的误差
C．工件定位面选择不当　　D．定位机构误差
E．定位元件误差
131．一工件以外圆在 V 形块上定位，V 形块的角度是 α。工件直径公差为 Ts，上偏差 es，下偏差 ei。工件在垂直于 V 形块底面方向的定位误差是（　　）。
A．$Ts/\sin(\alpha/2)$　　B．$Ts/(2*\sin(\alpha/2))$
C．$Ts/\sin(\alpha)/2$　　D．$(es-ei)/(2*\sin(\alpha/2))$
E．$Ts/(2*\cos(\alpha/2))$
132．计算机辅助设计的产品模型包括（　　）。
A．线框模型　　B．面模型　　C．实体模型
D．特征模型　　E．参数造型
133．等高线加工方法中参数（　　）与所选刀具有关。
A．加工余量　　B．推刀高度　　C．层间高度
D．刀轨间距　　E．切削参数
134．计算机辅助编程生成的刀具轨迹包括了（　　）。
A．G 代码　　B．刀位点位置信息
C．M 辅助代码　　D．刀具控制信息
E．装夹信息
135．（　　）格式数据文件一般被用于不同 CAD/CAM 软件间图形数据转换。
A．DXF　　B．IGES　　C．STL
D．STEP　　E．X_T
136．在数控系统的参数表中（　　）的实际作用是相同的。
A．刀尖半径值　　B．刀尖方位号
C．刀具位置偏置值　　D．刀具位置磨耗补偿值
E．G54 中的偏移值
137．数控车床刀具自动换刀必须在（　　）。
A．机床参考点　　B．在任何安全的位置
C．用 G28 指令回到的参考点　　D．任意位置
E．机床原点
138．单步运行用于（　　）。
A．检查数控程序格式是否有错误　　B．检查程序运行过程中的重点部位

C. 定位程序中的错误　　　　　　　　　　D. 首件加工
E. 短小程序运行

139. 车削细长轴的加工特点是（　　）。
A. 振动大　　　　　　　　　　　　　　B. 易发生弯曲
C. 刀具磨损大　　　　　　　　　　　　D. 排屑不易
E. 使用辅助夹具要求高

140. 合理选择车刀的几何形状可以降低径向切削力防止细长轴变形，主要方法有（　　）。
A. 减小主偏角　　　　B. 增大前角　　　　C. 增大后角
D. 减小刀尖圆弧　　　E. 减少倒棱宽度

三、判断题

141.（　　）职业道德对企业起到增强竞争力的作用。
142.（　　）职业道德修养要从培养自己良好的行为习惯着手。
143.（　　）遵守法纪、廉洁奉公是每个从业者应具备的道德品质。
144.（　　）市场经济条件下，应该树立多转行、多学知识、多长本领的择业观念。
145.（　　）开拓创新是企业生存和发展之本。
146.（　　）“Vertical maching center”应翻译为“卧式加工中心”。
147.（　　）圆锥凸轮可使从动杆沿倾斜导轨移动。
148.（　　）普通车床的刀架移动与进给箱无关。
149.（　　）轴杆类零件的毛坯一般采用铸造。
150.（　　）油缸中活塞的移动速度取决于油液的工作压力。
151.（　　）液压系统中的过滤器用于防止油液中的杂质进入器件，不能防止空气进入。
152.（　　）压力控制回路中可以用增压回路替代高压泵。
153.（　　）对有预紧力要求的螺纹连接拧紧时应给扳手套上管子增大力矩。
154.（　　）常用的润滑剂是滑油和润滑脂。
155.（　　）当终止脉冲信号输入时，步进电机将立即无惯性地停止运动。
156.（　　）机床电气控制线路必须有过载、短路、欠压、失压保护。
157.（　　）数控机床的最主要特点是自动化。
158.（　　）强度与硬度是金属材料同一性能的不同名称。
159.（　　）钢件的硬度高，难以进行切削，钢件的硬度越低，越容易切削加工。
160.（　　）球墨铸铁通过退火提高韧性和塑性。
161.（　　）数控机床的运动精度主要取决于伺服驱动元件和机床传动机构精度、刚度和动态特性。
162.（　　）宏程序段 IF［#2GT6］GOTO80 表示，如果#2 值小于 6，则程序跳转至

N80 段（FANUC 系统）。

163.（　　）程序段 N30WHILE#2LE10；…；N60ENDW 表示，如果#2 中的值小于或等于 10，将循环执行 N30 段后至 N60 之间的程序段（华中系统）。

164.（　　）配合公差的数值愈小，则相互配合的孔、轴的尺寸精度等级愈高。

165.（　　）车细长轴采用一夹一顶或两顶尖装夹时宜选用弹性顶尖。

166.（　　）液压系统的密封装置要求在磨损后在一定程度上能够自动补偿。

167.（　　）运算符 LT 的含义是小于或等于（FANUC 系统、华中系统）。

168.（　　）切削零件装备的粗糙度与刀尖半径和进给速度、主轴转速相关。

169.（　　）机械夹固式车刀中偏心式刀片夹固方式适不适于间断、不平稳切削的加工场合。

170.（　　）外圆反手刀的方位号是 4。

171.（　　）职业用语要求：语言自然、语气亲切、语调柔和、语速适中、语言简练、语意明确。

172.（　　）在滚珠丝杠副轴向间隙的调整方法中，常用双螺母结构形式，其中以齿差调隙式调整最为精确方便。

173.（　　）计算机辅助编程生成的刀具轨迹就是数控加工程序。

174.（　　）基准不重合误差是夹具制造误差、机床误差和调整误差等综合产生的误差。

175.（　　）半精加工阶段的任务是切除大部分的加工余量，提高生产率。

176.（　　）职业道德体现的是职业对社会所负的道德责任与义务。

177.（　　）规定螺纹中径的下偏差是为了保证螺纹能顺利旋合。

178.（　　）执行 N10R1 = 5；N20R1 = R1 + 5；后参数 R1 的值为仍为 5（SIEMENS 系统）。

179.（　　）喷吸钻适用于深孔加工。

180.（　　）位置精度是数控机床特有的机床精度指标。

参考答案

一、单选题

1. A 2. B 3. B 4. D 5. A 6. C 7. B 8. D 9. C 10. D
11. A 12. A 13. B 14. C 15. D 16. A 17. A 18. A 19. D 20. B
21. D 22. D 23. D 24. A 25. A 26. B 27. D 28. A 29. C 30. D
31. C 32. B 33. B 34. B 35. D 36. A 37. B 38. D 39. D 40. C
41. B 42. B 43. D 44. B 45. C 46. C 47. C 48. A 49. D 50. D
51. A 52. B 53. B 54. B 55. C 56. B 57. A 58. A 59. B 60. A
61. A 62. A 63. C 64. D 65. C 66. C 67. C 68. C 69. C 70. D
71. D 72. D 73. C 74. D 75. B 76. A 77. D 78. C 79. A 80. A
81. C 82. C 83. B 84. B 85. B 86. A 87. C 88. B 89. A 90. B
91. C 92. B 93. A 94. C 95. C 96. D 97. D 98. A 99. A 100. D
101. D 102. A 103. A 104. C 105. A 106. D 107. A 108. C 109. C 110. A
111. B 112. B 113. B 114. B 115. A 116. B 117. C 118. D 119. C 120. D

二、多选题

121. ABCD 122. BCDE 123. BE 124. AC 125. ABCDE 126. ABE
127. ABC 128. ACE 129. AC 130. ABDE 131. BD 132. ABCD
133. DE 134. BD 135. ABD 136. CD 137. ABC 138. BC
139. ABDE 140. ADE

三、判断题

141. √ 142. √ 143. √ 144. × 145. √ 146. × 147. √ 148. × 149. × 150. √
151. √ 152. √ 153. × 154. √ 155. √ 156. √ 157. × 158. × 159. × 160. √
161. √ 162. × 163. √ 164. √ 165. √ 166. √ 167. × 168. √ 169. √ 170. √
171. √ 172. √ 173. × 174. × 175. × 176. √ 177. × 178. × 179. √ 180. √